●机械设计制造及其自动化专业系列教材

Visual Basic 上机实验及实训教程

主　编:杨　旗
副主编:王　瑛　张玉璞

哈尔滨工程大学出版社

内容简介

Visual Basic 上机实验及实训教程以 Visual Basic 6.0 英文版为平台，内容包括窗体和常用控件介绍、Visual Basic 上机实验、Visual Basic 实例 3 个部分。窗体和常用控件介绍部分主要介绍 Visual Basic 常用控件及其属性；Visual Basic 上机实验部分包括 5 类实验，实验覆盖了 Visual Basic 的常用功能，在每类实验中分别包含 3 个实验，每个实验完成某一具体功能；Visual Basic 实例部分列举了 18 个实例，每个实例从一个新的应用程序开始逐步设计和组装，并且把 Visual Basic基本内容包含进来。通过上机实验及实训教程的学习，可以轻松地用Visual Basic开发出一个小的应用系统。

本教程适合作为普通高等院校、高职高专、软件职业技术学院等各类学校相关课程的教材，也可供 Visual Basic 的各类培训和开发应用程序的读者学习和参考。

图书在版编目(CIP)数据

Visual Basic 上机实验及实训教程/杨旗主编.
—哈尔滨:哈尔滨工程大学出版社,2013.6
ISBN 978-7-5661-0584-4

Ⅰ.①V… Ⅱ.①杨… Ⅲ.①BASIC 语言-程序设计-教材 Ⅳ.①TP312

中国版本图书馆 CIP 数据核字(2013)第 129636 号

出版发行 哈尔滨工程大学出版社
社　　址 哈尔滨市南岗区东大直街 124 号
邮政编码 150001
发行电话 0451-82519328
传　　真 0451-82519699
经　　销 新华书店
印　　刷 黑龙江省委党校印刷厂
开　　本 787mm×1 092mm 1/16
印　　张 9.25
字　　数 218 千字
版　　次 2013 年 6 月第 1 版
印　　次 2013 年 6 月第 1 次印刷
定　　价 19.00 元
http://www.hrbeupress.com
E-mail:heupress@hrbeu.edu.cn

前　言

在应用程序开发方面，Visual Basic 占有得天独厚的优势。它是微软公司多年研发的结果，具有强大的开发功能、良好的可移植性和伸展性。随着 Visual Basic 开发工具第三方控件极大的扩展，Visual Basic 开发应用程序越加便利、高效。今天，已经有越来越多的人使用 Visual Basic 开发各种应用程序，包括信息管理系统、办公自动化系统、电子政务系统及各种商业交易系统等。

本教程以实验、实例为基础，总结近些年的教学及实例开发的经验，以当前流行的 Visual Basic 6.0英文版的内容进行实验及实例讲解，实验及实例覆盖了 Visual Basic 的基础知识，教程把这些基础知识有机地连接在一起，详略结合，重点突出。本教程既汲取现有教材中的合理内容，又对主要内容的介绍有所创新。为了方便广大读者学习，本书全面系统地介绍了 Visual Basic 程序开发技术，并以实例介绍了如何使用 Visual Basic 开发Windows应用程序。通过学习本书之后，力求让读者在最短时间内达到实际应用的水平。

本书特点：

(1)技术全面，内容充实

教程详细介绍了 Visual Basic 常用控件的使用及属性。全书包含 Visual Basic 常用的各种技术和工具，包含对窗体及数据库的详细介绍和操作方法。

(2)实验内容贴切

根据对 Visual Basic 的知识点，教程提供了 15 个实验。教程对每个知识点都附有实验，学生可对讲述知识点进行及时复习，教程中给出了详细的操作步骤。学生按步骤操作即可对本章知识点进行巩固、提高。

(3)案例精讲，深入剖析

根据多年的项目经验，应用程序开发具有针对不同需求的特点。教程对几乎所有知识点都附有示例，共列举了 18 个实例，每个实例实战性都较强，并有详细操作步骤。读者按步骤操作即可对本章知识点进行巩固、提高。通过案例精讲和深入剖析，读者可以真正掌握系统开发的精髓。

本教程作为本科相关专业教学用书，也可作为 Visual Basic 的各类培训教材及供有关读者学习参考。

本教程由沈阳理工大学杨旗、王瑛、张玉璞编写，由杨旗统编、定稿。

由于作者水平有限，不当之处在所难免，恳请读者批评指正。

编　者

2013 年 2 月

目录

CONTENTS

第 1 章　窗体和常用控件介绍

1.1　Visual Basic 的对象

1.1.1　对象的概念

在 Visual Basic 中，对象是指程序和数据的组合，简单地说，就是把对象当作一个单元来处理。对象是动作的主体，一个复杂的对象可以由若干个简单的对象组成。VB6.0 的对象分两类：预定义对象和用户定义对象。预定义对象是由系统设计好的，可直接使用，比如窗体和控件，由系统预先定义了对象的属性、方法和事件；用户定义对象是指由用户自己定义的对象。

对象是数据和代码的集合，可以看成一个编程的单元。VB 中的常用对象多为“可视”的，其中工具箱中控件都是对象。

1.1.2　对象的属性

属性是对象的特征（外观和行为），表现为一些属性值。可以通过改变对象的属性来改变对象的特征。属性的设置可以在设计时的“属性”窗口中完成，也可以在运行时由代码来实现。

语法：对象名.属性名 = 属性值

1.1.3　对象的事件

对象的事件是指对象所能识别并响应的动作，例如“单击按钮”等。VB 编程的核心就是为每个要处理的事件编写响应事件的过程代码，为不同的对象响应不同事件编写的事件过程就构成了应用程序。

1.1.4　对象的方法

对象的方法是指对象可以进行的动作或行为，方法中的代码是不可见的，由 VB 自动生成，使对象按指定的方式动作。

语法：对象名称.对象方法［参数］

例：Form2.Load

Form1.Move 0,0

1.2 窗　　体

窗体是应用程序界面的最基本组成,是所有控件的容器。在程序运行时,窗体的功能是进行用户与应用程序之间的交互。新建工程时,系统会自动创建一个空白窗体,这个窗体就像一块空白的画布,用户可以在上面创建自己美观的用户界面。

1.2.1　窗体的属性

窗体对象是 VB 应用程序的基本构造模块,是运行应用程序时与用户交互操作的实际窗口。窗体的属性决定了窗体的外观和操作。在新建工程时系统自动为空白的窗体设置了默认属性,如图 1.1 所示。设置属性有两种方法:通过属性窗口设置和在程序代码中设置,大部分属性既可以通过属性窗口设置,也可以通过程序代码设置,而有些属性只能由程序代码或属性窗口设置。窗体的属性窗口如图 1.2 所示。

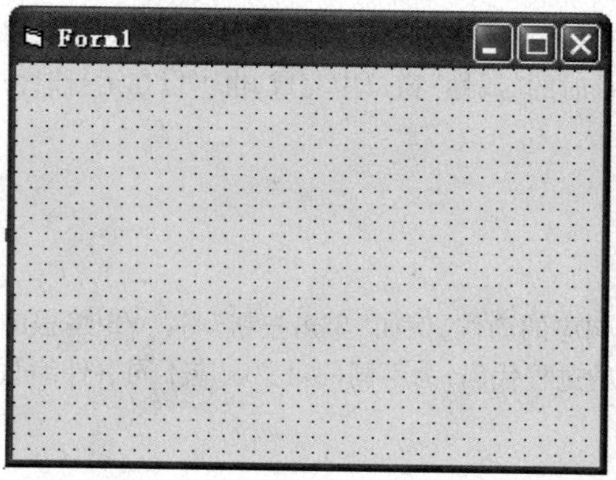

图 1.1

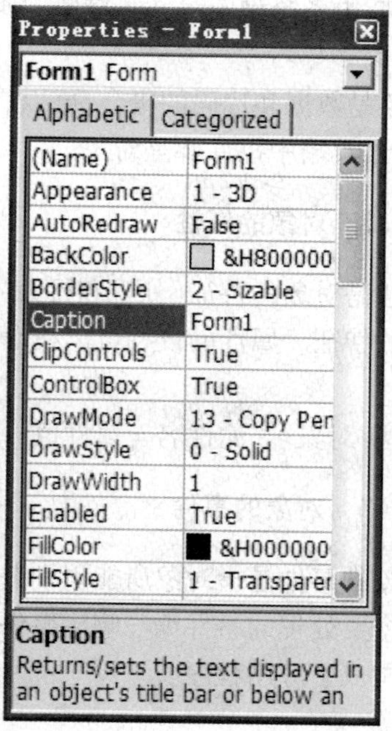

图 1.2

窗体的常用属性有:

(1)名称(Name)

名称用于设置窗体名称,该名称是在程序代码中使用的。窗体在工程中首次创建时默认为 Form1,以后创建的窗体名默认为 Form2,…,名称属性可以在属性窗口中根据自己的要求改变,但在程序运行时是只读的,不能改变。

(2)MaxButton 和 MinButton

MaxButton 和 MinButton 属性用于设置窗体显示时是否有最大化和最小化按钮。这两个属性默认都为 True。

(3) Icon 属性

Icon 属性用于设置窗体最小化时显示的图标。通过单击按钮,可以选择一个合适的 *.ico 或 *.cur 图形文件作为窗体最小化的图标。如果不指定图标,窗体会使用 VB 的缺省图标。

(4) ControlBox 属性

ControlBox 属性用来设置窗口控制框的状态。默认为 True 时窗口左上角显示一个控制框。如果 BorderStyle 属性设置为 0 - None,ControlBox 属性将不起作用。

(5) Caption 属性

Caption 属性用于设置窗体显示的标题,默认时为窗体名称,即 Form1,Form2,…。该属性既可以通过属性窗口设置,也可以通过程序代码设置。窗体和很多控件都有 Caption 属性。

语法:对象. Caption = 字符串

例如,在程序中设置 Caption 属性:

Form1. Caption = "第一个窗体"

(6) Appearance 属性

Appearance 属性设置窗体的外观。在属性窗口中是个下拉列表,提供两个属性值。缺省值为 1 - 3D,表示以三维立体效果描绘出外观,也可设置为 0 - Flat 平面形式。

(7) BackColor 和 ForeColor 属性

BackColor 和 ForeColor 属性用于设置对象中文本和图形的背景色和前景色,默认为"按钮表面"颜色。通过单击按钮打开调色板选项卡,设置颜色属性。如图 1.3 和 1.4 所示为设置 BackColor 选项卡所显示的"调色板"和"系统"颜色。

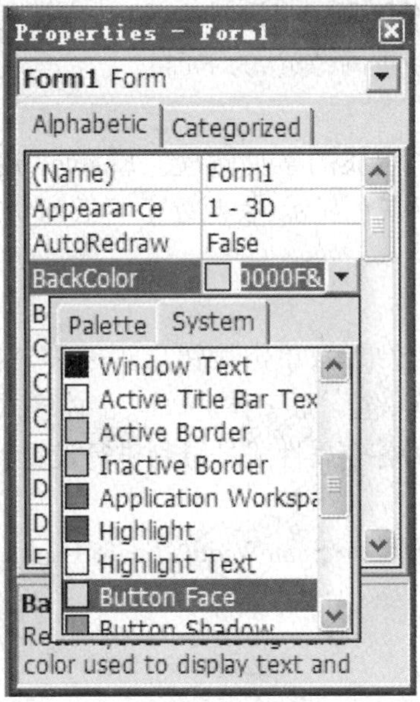

图 1.3

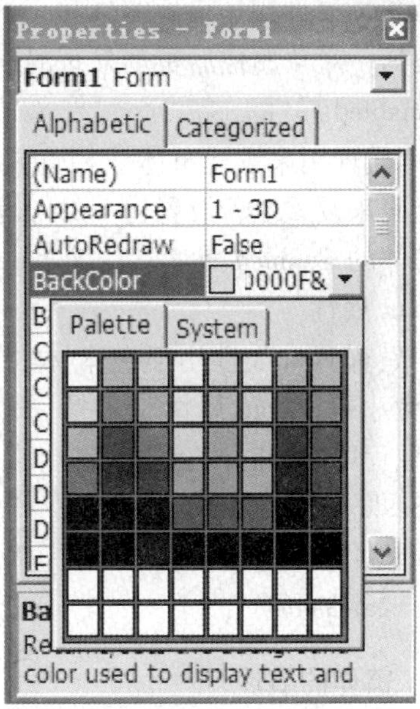

图 1.4

(8) Picture 属性

Picture 属性用于设置在窗体中显示的图片。通过单击...按钮,选择一个合适的图形文件,可以选择" *.jpg, *.gif, *.bmp, *.ico"等格式的图形文件。

(9) BorderStyle 属性

BorderStyle 属性用于设置窗体的边框风格。设置参数见下表：

设定值	常量	定义
0	None	没有边框
1	FixedSingle	有固定单边框，运行时窗体大小不能变，可以包含控制框、标题栏，“最大化”和“最小化”按钮
2	Sizable	有可调整的双边框(默认)
3	FixedDouble	固定对话框，运行时窗口大小不能改变，可以包含控制框和标题栏
4	FixedToolWindow	固定工具窗口，大小不能改变，显示关闭按钮
5	SizableToolWindow	可变大小工具窗口，显示关闭按钮

(10) Left 和 Top 属性

Left 和 Top 属性用于设置窗体的左上角在屏幕的横、纵坐标，即窗体在屏幕上的位置。在 VB 的集成开发环境中，工具栏的右侧显示了各当前对象的 Left、Top 值及 Width 和 Height 值。

(11) Width 和 Height 属性

Width 和 Height 属性用于设置窗体的初始宽度和高度，即窗体的大小。

(12) Visible 属性

Visible 属性用于设置窗体可见(True)或隐藏(False)。

(13) AutoRedraw 属性

AutoRedraw 属性用于设置窗体显示的信息是否重画。当设置为 True，在运行时调整窗体大小或被另一对象遮住后重新显现时窗体会自动重画，默认为 False。

(14) Enabled 属性

Enabled 属性用来设置窗体或控件是否对用户生成的事件响应。Enabled 属性也可以通过程序代码来设置。若设置为 False，运行时会呈灰色显示，表明处于不活动状态，用户不能访问。窗体的 Enabled 属性默认为 True。

(15) Font 属性

属性中只有 Font 属性用于字体、样式、大小和效果等，单击按钮出现字体对话框，可以选择字体、大小等。Font 属性其实是一个属性组合，包含了字体、大小、字体样式等属性成员，如果要在程序运行时改变这些属性值，则必须对各个属性成员分别进行设置。

(16) Scale 属性

缩放属性用于设置窗体的坐标系，缩放属性有 ScaleWidth，ScaleHeight，ScaleTop，ScaleLeft 和 ScaleMode。

1.2.2 窗体的事件

窗体常用事件如下。

(1) Load 事件

Load 事件是当装载窗体时触发的。当程序运行时，对第一个启动窗体来说，在窗体画面未显示之前，会先触发该事件。而对于未被加载的窗体，如果使用 Load 语句，或未装载之前使用 Show 方法时都可触发 Load 事件。

(2)UnLoad 事件

UnLoad 事件是当卸载窗体时触发的,当单击窗体上的"关闭"按钮或使用 UnLoad 语句时也可以触发该事件。Unload 事件过程可以用来当窗体被卸载时确认窗体是否应被卸载,或者指定卸载后要发生的操作。UnLoad 事件的参数 Cancel 是一个整型数据,用来确定窗体是否从屏幕删除。如果 Cancel 为 0,则窗体被删除。将 Cancel 设置为任何一个非零的值可防止窗体被删除。

(3)Click 事件

Click 事件是当鼠标单击窗体时触发的。

(4)Resize 事件

Resize 事件是当调整窗体的大小时触发的。当窗体第一次显示或当窗体大小改变时触发该事件,例如窗体被最大化、最小化或被还原时。Resize 事件过程一般用来当窗体改变大小时,调整窗体中控件的位置或调整其大小。

(5)Activate 和 DeActivate 事件

Activate 事件是当一个窗体变成活动窗体时触发的。例如单击窗体或在程序中执行 Show 方法等可以使一个窗体变为活动窗体。

DeActivate 事件是当另一个窗体或应用程序被激活,窗体不再是活动窗口时触发的。

(6)Initialize 事件

Initialize 事件是当窗体第一次创建时触发的,一般将窗体的初始化代码放在其中。Initialize 事件是窗体创建状态开始的标志,在 Load 事件之前触发。

1.2.3 窗体的方法

窗体的常用方法如下。

(1)Hide 方法

用于隐藏 MDIForm 或 Form 对象,但不能使其卸载。

语法:object. Hide

object 所在处代表一个对象表达式,其值为"应用于"列表中的一个对象。如果省略 object,则带有焦点的窗体就认为是该 object。

说明:隐藏窗体时,它就从屏幕上被删除,并将其 Visible 属性设置为 False。用户将无法访问隐藏窗体上的控件,但是对于运行中的 Visual Basic 应用程序,或对于通过 DDE 与该应用程序通信的进程及对于 Timer 控件的事件,隐藏窗体的控件仍然是可用的。窗体被隐藏时,用户只有等到被隐藏窗体的事件过程的全部代码执行完后才能够与该应用程序交互。如果调用 Hide 方法时窗体还没有加载,那么 Hide 方法将加载该窗体,但不显示它。

(2)Move 方法

用于移动 MDIForm,Form 或控件。

语法:object . Move,Left,Top,Width,Height

说明:只有 Left 参数是必须的。但是,要指定任何其他的参数,必须先指定出现在语法中该参数前面的全部参数。例如,如果不先指定 Left 和 Top 参数,则无法指定 Width 参数。任何没有指定的尾部的参数则保持不变。

(3)Print 方法

在 Immediate 窗口中显示文本。

语法:object . Print

对于 Boolean 数据,或者打印 True 或者打印 False。根据主机应用程序的地区设置来翻译 True 和 False 关键字。使用系统能识别的标准短日期格式书写 Date 数据。当日期或时间部件丢失或为零时,只书写已提供的部件。如果在具有缺省显示空间的模块外使用此方法,则需要 object。例如,如果没有指定对象就在标准模块上调用此方法,则将导致错误发生,但是,如果在窗体模块上进行调用,则会在窗体上显示。

(4)Refresh 方法

强制全部重绘一个窗体或控件。

语法:object. Refresh

说明:在下列情况下使用 Refresh 方法:在另一个窗体被加载时显示一个窗体的全部;更新诸如 FileListBox 控件之类的文件系统列表框的内容;更新 Data 控件的数据结构。Refresh 方法不能用于 MDI 窗体,但能用于 MDI 子窗体。不能在 Menu 或 Timer 控件上使用 Refresh 方法。通常,如果没有事件发生,窗体或控件的绘制是自动处理的,但是,有些情况下也希望窗体或控件立即更新。例如,如果使用文件列表框、目录列表框或者驱动器列表框显示当前的目录结构状态,则当目录结构发生变化时可以使用 Refresh 更新列表。

(5)Show 方法

用于显示 MDIForm 或 Form 对象。

语法:object. Show, Style, Ownerform

说明:如果调用 Show 方法时指定的窗体没有装载,Visual Basic 将自动装载该窗体。当 Show 在显示无模式窗体时,随后遇到的代码则要执行。当 Show 在显示模式窗体时,则随后的代码直到该窗体被隐藏或卸载时才能执行。当 Show 在显示模式窗体时,除了模式窗体中的对象之外不能进行输入。对其他窗体进行输入前程序必须隐藏或卸载模式窗体,MDIForm 不能是形式的。

(6)Cls 方法

清除运行时 Form 或 PictureBox 所生成的图形和文本。

语法:object. Cls

说明:Cls 将清除图形和打印语句在运行时所产生的文本和图形,而设计时在 Form 中使用 Picture 属性设置的背景位图和放置的控件不受 Cls 影响。如果激活 Cls 之前 AutoRedraw 属性设置为 False, 调用时该属性设置为 True,则放置在 Form 或 PictureBox 中的图形和文本也不受影响。这就是说,通过对正在处理的对象的 AutoRedraw 属性进行操作,可以保持 Form 或 PictureBox 中的图形和文本。调用 Cls 之后,object 的 CurrentX 和 CurrentY 属性复位为 0。

1.3 控件使用基础

在 VB 程序中,除了窗体对象外,还有包含在窗体对象中的对象——控件。

1.3.1 控件的分类

VB6.0 中的控件分为三类:标准控件、ActiveX 控件和可插入的对象。

(1)标准控件又称为内部控件,是 VB 本身提供的。

(2)ActiveX 控件包含在 ActiveX 控件部件中。

(3)可插入对象是指由其他应用程序创建的不同格式的数据。

1.3.2　控件的基本操作

(1)建立控件。

(2)选中控件。

(3)改变控件大小。

(4)删除、移动控件。

(5)复制控件。

1.3.3　控件数组

控件数组由一组相同类型的控件组成,具有共同的名称,它们的事件过程相同。控件数组的 Index 属性区分控件数组中的元素。

在设计时有三种方法可以创建控件数组。

(1)将相同名字赋予多个控件

在属性窗口中可将相同名字赋予多个控件。例如,创建含有两个文本框的控件数组,使用相同的名称 Text1。

创建控件数组的步骤如下:

①先创建第一个文本框 Text1;

②然后创建第二个,系统自动将第二个文本框名称设置为 Text2;

③在属性窗口中将 Text2 改为 Text1,会出现对话框,提示是否创建控件数组。单击按钮“是(Y)”,系统自动设置第一个文本框的 Index 属性值为 0,第二个文本框的 Index 属性值为 1。

(2)复制现有的控件并将其粘贴到窗体上

创建有两个文本框的控件数组,步骤如下:

①先创建第一个文本框 Text1;

②然后选择“编辑”菜单的“复制”菜单项,单击窗体后选择“编辑”菜单的“粘贴”菜单项;

③出现创建对话框,单击按钮“是”就创建了文本框数组的第二个文本框。

(3)将控件的 Index 属性设置为非 Null 数值

创建有两个文本框的控件数组,步骤如下:

①先创建第一个文本框 Text1;

②将该控件的 Index 属性设置为 0,这时系统会自动创建一个控件数组;

③然后利用前两种方法中的一种添加一个文本框,将不会出现图 1.5 所示的对话框。在属性窗口中 Index 属性自动为 1,如图 1.5 所示。

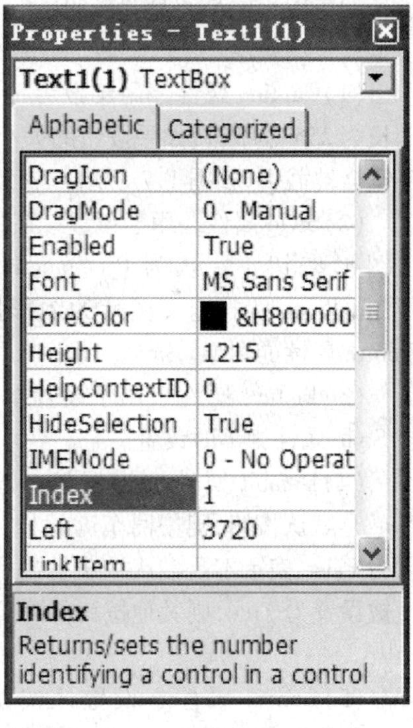

图 1.5

1.3.4 控件的焦点

焦点是对象接收用户鼠标或键盘输入的能力。可以在代码中用控件的 SetFocus 方法来动态设置焦点。

当控件得到或失去焦点时,会产生以下事件:GotFocus,LostFocus。

1.4 标 准 控 件

在缺省情况下,VB 工具箱显示 General 选项卡,提供最常用的标准控件。标准控件是 VB 通过控件箱提供的与用户交互的可视化部件,控件都是放在窗体中以窗体为容器的。VB 为不同的控件定义自己的一套属性、方法和事件,在窗体中使用控件可以方便地获取用户的输入,也可以显示程序的输出。

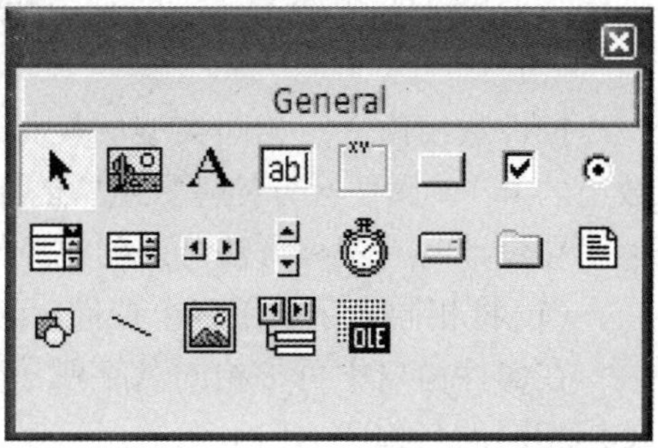

图 1.6

标准控件是由 VB 本身提供的控件,也称为常用控件。标准控件是在控件箱中默认出现的控件,不能从控件箱中删除。标准控件(标准版)如图1.6 所示。

1.4.1 命令按钮(CommandButton)

命令按钮是 VB 中最常用的基本控件之一,几乎各种应用程序都有命令按钮。

1. 常用属性

(1) Caption 属性　用于设置命令按钮的显示文字,最长为 255 个字符,如果按钮的大小无法显示过多字符,字符会被截去,如图 1.7 所示。

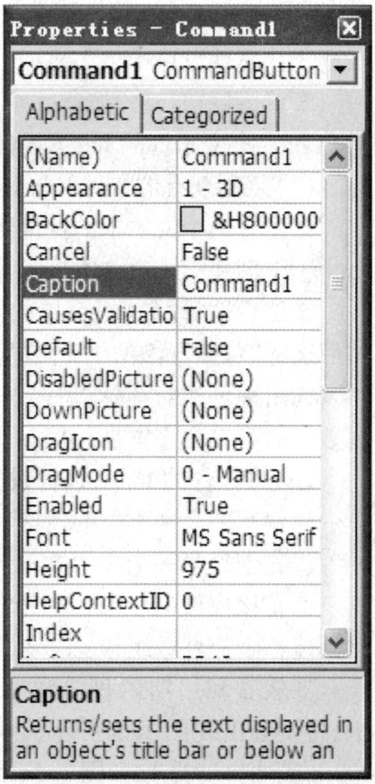

图 1.7

(2) Style 属性　用于设置按钮的外观是标准按钮还是图形按钮。默认为 0(Standard)表示标准按钮,1(Graphical)为自定义图片的图形按钮,然后需要设置 Picture 属性的图形。

(3) Picture 属性　用于设置按钮中要显示的图形,当 Style 属性为 1 时设置。

(4) Default 属性　设置该按钮是否为默认按钮。True 是默认按钮,则按回车键就相当于单击此按钮。默认为 False 表示不是默认按钮。当一个按钮的 Default 属性被设置为 True,则其他按钮的 Default 属性自动设置为 False。

(5) Cancel 属性　设置该按钮是否为取消按钮。True 是取消按钮,按 Esc 键就相当于单击此按钮,默认为 False 表示不是取消按钮。

(6) Value 属性　设置按钮是否被单击，默认为 False 没有被单击，设置为 True 表示单击该按钮并触发 Click 事件。

2. 方法

按钮控件的常用方法有 SetFocus。

3. 事件

按钮控件最基本的事件是 Click，以下情况都可产生 Click 事件：

(1)在按钮上单击鼠标；

(2)焦点在按钮上时按空格键或回车键；

(3)在代码中将按钮的 Value 属性设置为 True；

(4)对于默认按钮按回车键，对于取消按钮按 Esc 键；

(5)在 Caption 属性中用 & 符号连接一访问键，在运行时按"Alt + 访问键"。

1.4.2　文本框(TextBox)

文本框是一个多功能控件，可以显示或者接收用户输入的文本信息。

1. 常用属性

(1) Text　文本框中显示的内容，也可以在运行时由用户输入。

(2) Alignment　文本框中文本的对齐方式(同标签)。

(3) MultiLine　设置是否可输入多行文本。True 为可输入多行文本，默认为 False 只能输入一行文本。MultiLine 是只读属性。

(4) ScrollBars　设置是否含滚动条。0(None)为不含滚动条(默认)，1(Horizontal)为含水平滚动条，2(Vertical)为含垂直滚动条，3(Both)为含水平和垂直滚动条。

(5) Locked　设置用户是否能编辑文本框中的文本。True 为锁定，指不能编辑文本框中的文本，默认为 False 指可以编辑文本。

(6) MaxLength　设置运行时可以输入的最大字符数，为整型数值。当设计时或在程序中赋值超过了 MaxLength 的设置值，不会出错，但只有 MaxLength 指定个数的字符可以被输入到文本框中，多余的会被舍弃。

(7) PasswordChar　用于设置文本框中输入字符的显示，即是否为口令框，默认值为空字符显示输入的文本，如果为非空字符(如 *)，则每输入一个字符就在文本框中显示一个该字符，但 Text 属性接受的仍然是文本，属性如图 1.8 所示。

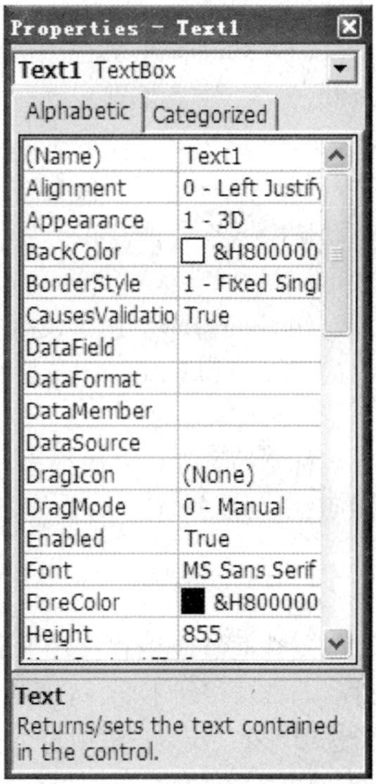

图 1.8

2. 方法

文本框常用的方法有 Refresh 和 SetFocus。

(1) SetFocus 方法　用于设置焦点，主要用于将焦点强制设置到文本框上。

(2) Refresh 方法　用于刷新文本框的内容。

3. 事件

文本框可识别多个事件,主要有 Change,GotFocus 和 LostFocus 事件。

(1)Change 事件　当文本框内容发生变化时触发,可以用来同步各控件的数据。

(2)GotFocus 事件　当文本框获得焦点时触发。

(3)LostFocus 事件　当文本框失去焦点时触发,可以用来检查文本框输入内容的合法性。

1.4.3　标签(Label) A

标签控件主要用来显示文本。与文本框不同的是,在标签中只能显示文本,而不能编辑文本,属性如图1.9所示。

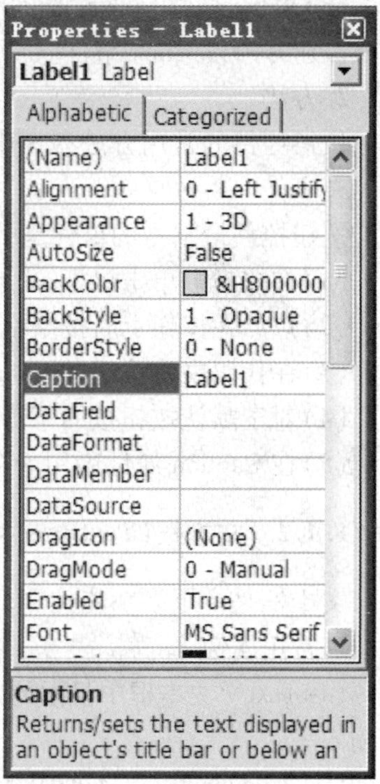

图 1.9

1. 常用属性

(1)Caption 标签中显示的内容,最多可有 1024 个字符。

(2)Alignment 标签中文本的对齐方式:0(Left Justify)左对齐(默认);1(Right Justify)右对齐;2(Center)居中。

(3)AutoSize 是否可自适应大小:True 为可根据文本自动调整标签大小;False 为标签大小不能改变,超长的文本被截去(默认)。

(4)BorderStyle 用于设置边界形式:0(None)为无边界(默认);1(Fixed Single)含有宽度为 1 的单线边界。

2. 事件和方法

标签的事件和方法很多,但是由于它一般用于注释说明,所以很少使用事件。

1.4.4　复选框(CheckBox) ☑

复选框是应用程序中允许用户进行多项选择的控件。与选项按钮不同,可以从一组复选框中同时选中多个选项。在一组复选框中每个复选框是彼此独立互不相干的,用户可以选择一个或多个复选框,属性如图 1.10 所示。

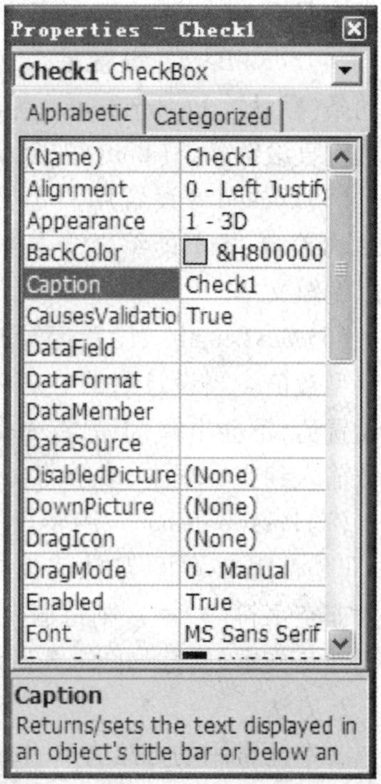

图 1.10

1. 常用属性

(1)Value 属性　设置选项按钮的选中状态。默认为0(Unchecked)表示未被选中;1(Checked)表示选中;2(Grayed)表示暂时不能访问,显示为灰色。

(2)Alignment 属性　设置复选框在标题 Caption 的左边还是右边。默认为 0(Left Justify) 表示在标题的左边;1(Right Justify)表示在标题的右边。

2. 常用事件

复选框的主要事件也是 Click。

1.4.5 单选按钮(OptionButton)

单选按钮通常以按钮组的形式出现,用户可从中选择一个选项。

1. 常用属性

(1)Value 属性 设置选项按钮的选中状态。默认为 False 表示未被选中;True 表示被选中,则其他选项的 Value 属性自动为 False。

(2)Enabled 属性 设置选项按钮是否有效。默认为 True 表示有效;False 为无效,则选项按钮禁止使用,显示为灰色。

(3)Style 属性 设置单选按钮的样式,默认为 0 表示标准样式,1 为图形样式。

(4)Picture 属性 设置单选按钮要显示的图形。该属性只有在 Style 属性值为 1 时有效。

选中选项按钮有以下几种方法:

(1)用鼠标键单击选项按钮;

(2)运行时按 Tab 键将焦点移到选项按钮组,然后用箭头键将焦点移到该选项按钮;

(3)如果选项按钮有访问键,按"Alt + 访问键";

(4)在属性窗口或代码中将选项按钮的 Value 属性设置为 True。

2. 常用事件

选项按钮的主要事件也是 Click,属性如图 1.11 所示。

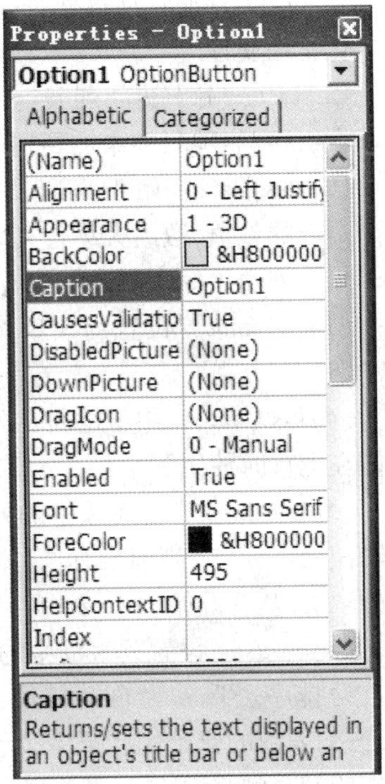

图 1.11

1.4.6 框架(Frame)

框架控件用来对其他控件进行分组,以便于用户识别和功能上分区,属性如图 1.12 所示。

1. 常用属性

(1)Caption 属性 框架的标题名称,可以包含访问键。默认为 Frame1,Frame2,…,当设置为空时,框架就显示为闭合的框。

(2)Enabled 属性 是否为活动状态。默认 True 表示活动状态;False 为非活动状态,框架内所有控件都不能使用,标题显示为灰色。

2. 常用事件

框架控件的主要事件是 Click。

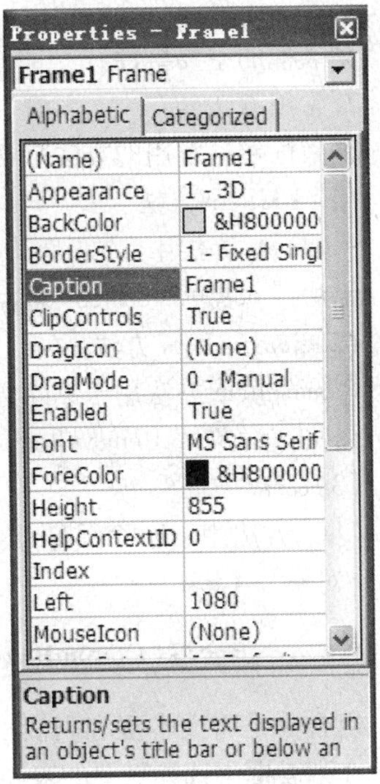

图 1.12

1.4.7 列表框(ListBox)

列表框控件显示项目列表,用户可从中选择一个或多个项目,属性如图1.13所示。

1. 常用属性

(1)List 用于访问列表框的所有列表项,是一个字符数组,列表项只能添加到列表框的末尾。

(2)ItemData 用于为列表框的每个列表项设置一个对应的数值,数组大小与列表项的个数一致,通常用于作为列表项的索引或标识。

(3)Columns 设置列表项按几列显示,出现水平滚动条。

(4)ListCount 用于返回在列表框中的列表项数,只能在运行时使用。

(5)ListIndex 当前选中的列表项索引,只能在运行时使用。-1为当前没有选择项目;n为当前选择项目的索引,从0开始。

(6)Sorted 设置列表框中的各列表项在运行时是否自动排序。True为自动排序;False(默认)为不排序,按列表项的原始先后顺序显示。

(7)Text 用于得到当前列表项的内容。

(8)MultiSelect 用于设置是否允许同时选择多个列表项。

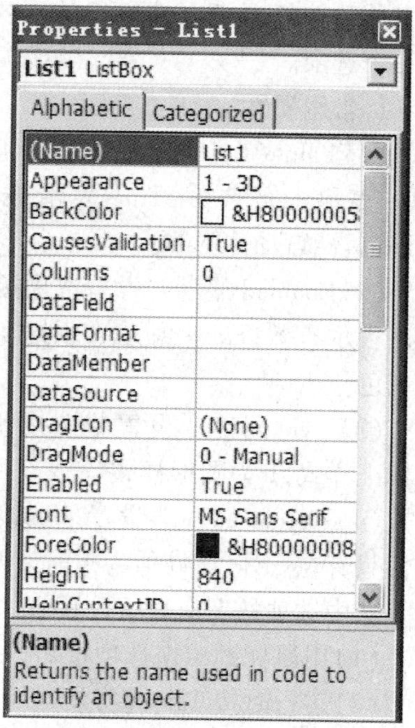

图1.13

2. 常用事件

列表框的主要事件有Click(单击)和DblClick(双击)。

3. 常用方法

列表框控件常用的方法有AddItem,Clear,RemoveItem方法。

(1)AddItem方法

AddItem方法用于在程序代码中添加列表项。

语法:[对象].AddItem 列表项[索引]

(2)RemoveItem方法

RemoveItem方法用于删除指定的列表项。

语法:[对象].RemoveItem 索引

(3)Clear方法

Clear方法用于删除所有列表项。

[对象].Clear

1.4.8 组合框(ComboBox)

组合框是将文本框和列表框结合在一起的控件,用户既可以在文本框中输入文本,又可以在列表框中选择需要的表项。组合框的常用属性、事件和方法与列表框相同。组合框有三种式样:下拉式组合框、简单组合框和下拉式列表框。

1. 常用属性

Style 属性用于确定组合框的类型和显示方式，有以下几种类型。

(1)0(默认)为下拉组合框，由一个文本框和一个下拉列表框组成，用户既可以在文本框中输入也可单击列表框来选择列表项，当组合框获得焦点时，按“Alt + ↓”键来打开列表框。

(2)1 为简单组合框，由一个文本框和一个标准列表框组成，列表框下拉项一直显示在屏幕上，列表框可以有垂直滚动条。

(3)2 为下拉列表框，不允许用户输入文本，只能从下拉列表框选择。Text 属性为只读属性不能设置。

2. 常用事件和方法

组合框的事件和方法与列表框基本相似，如图 1.14 所示。

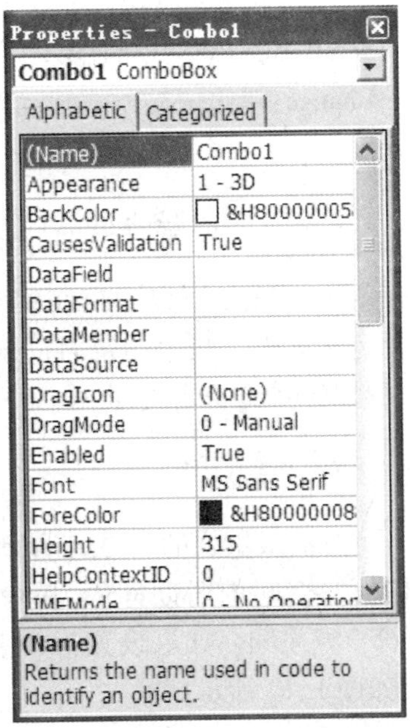

图 1.14

1.4.9 滚动条(HScrollBar、VScrollBar) 

1. 常用属性

垂直滚动条的值从上向下递增，最上端代表最小值(Min)，最下端代表最大值(Max)，如图 1.15 所示。水平滚动条的值从左向右递增，最左端代表最小值，最右端代表最大值，如图1.16所示。

(1)Value 滚动框在滚动条中的位置，在 Max 和 Min 之间。

(2)Max 位于滚动条的最右侧或最底端的值，在 -32 768 ~ 32 767之间。

(3)Min 位于滚动条的最左侧或最顶端的值，在 -32 768 ~ 32 767之间。

(4)SmallChange 用鼠标单击滚动框箭头时，滚动框每次移动的大小。

(5)LargeChange 用鼠标单击滚动框区域时，滚动框每次移动的大小。

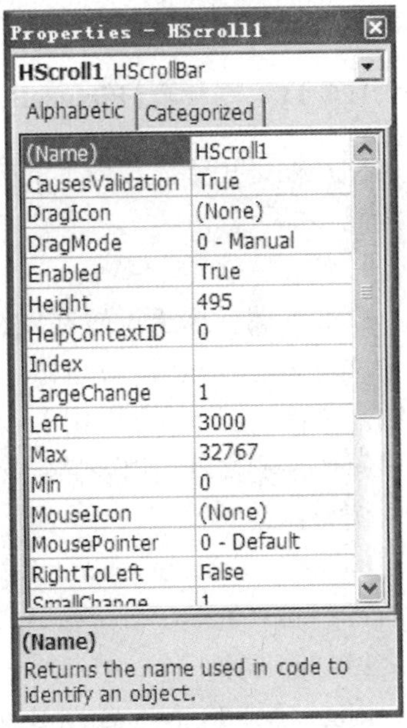

图 1.15

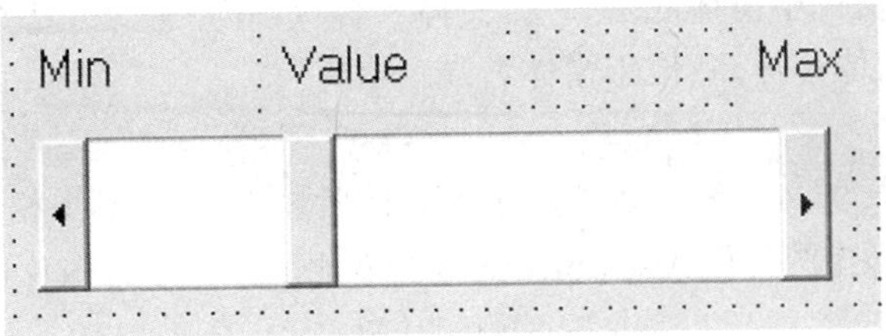

图 1.16

2. 事件

Scroll:拖动滚动框时触发,用于跟踪滚动条的动态变化。

Change:单击滚动条或滚动箭头以及释放滚动框时触发,可以用来得到滚动条的最终位置。

1.4.10 定时器(Timer)

定时器是应用程序控制定时发生事件的控件。定时器用于间隔一定时间触发事件,运行时定时器不可见。定时器可以用来实现简单的动画。

1. 常用属性

定时器最重要的属性是 Interval,用于设置定时器事件之间的时间间隔,单位为毫秒,取值在 0~65 767之间。如果设置为 0,则表示定时器无效,如图 1.17 所示。

2. 事件

定时器只支持 Timer 事件,当达到 Interval 属性规定的时间间隔就触发该事件。

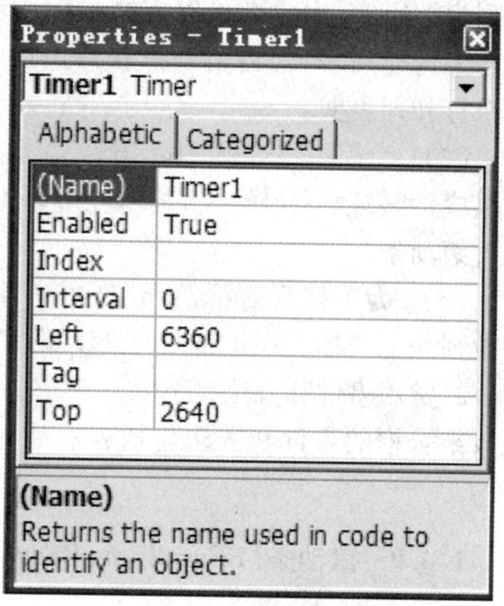

图 1.17

1.4.11 图片框(PictureBox)

图片框是用于显示图形的控件,可以显示".bmp,.ico,.wmf,.jpg"等格式的图形文件。常用属性如下。

1. Picture 属性

Picture 属性用于设置在图像框和图片框中要显示的图像文件名。在设计时,单击 Picture 属性的按钮,选择各种图形文件;在运行时调用 LoadPicture 函数来设置,包括被显示图片的文件名以及路径名,如图 1.18 所示。

例如:

Picture1. Picture = LoadPicture ("c:\Windows\filename.bmp")

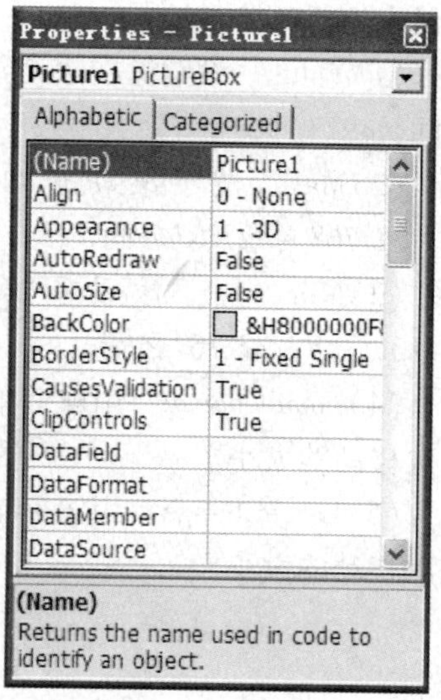

图 1.18

2. Align 属性

Align 属性用于设置图片框在窗体中的显示方式:0(默认)为无特殊显示;1 为与窗体一样宽,位于窗体顶端;2 为与窗体一样宽,位于窗体底端;3 与窗体一样高,位于窗体左端;4 为与窗体一样高,位于窗体右端。

3. AutoSize 属性

图片框 PictureBox 的 AutoSize 属性用于确定图片框如何与图像相适应:False(默认)为保持原始尺寸,当图形比图片框大时,超出的部分被截去,True 为图片框根据图形大小自动调整。

1.4.12 图像框(Image)

图像框是用于显示图形的控件,可以显示“.bmp,.ico,.wmf,.jpg”等格式的图形文件。常用属性如图1.19所示。

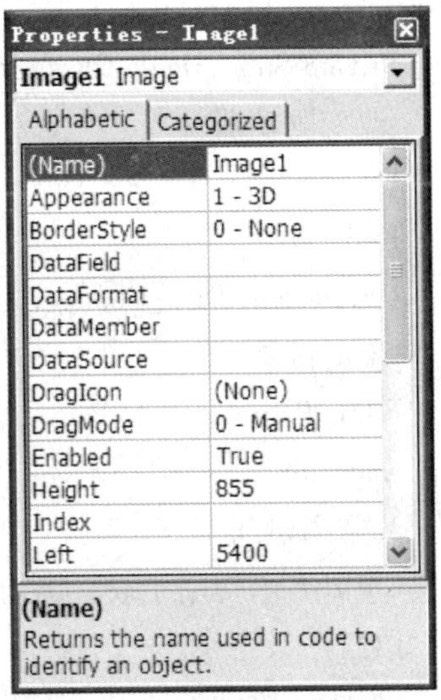

图 1.19

1. Picture 属性

Picture 属性用于设置在图像框和图片框中要显示的图像文件名。在设计时,单击 Picture 属性的按钮,选择各种图形文件;在运行时调用 LoadPicture 函数来设置,包括被显示图片的文件名以及路径名。

例如:

Picture1. Picture = LoadPicture ("c:\Windows\filename.bmp")

2. Stretch 属性

图像框 Image 的 Stretch 属性用于确定图像框如何与图像相适应:False(默认)为图像框将适应图像的大小;True 为图像将适应图像框的大小,可能使图像变形。

1.4.13 驱动器列表框(DriveListBox)

驱动器列表框用于选择一个驱动器,是一个下拉列表框。默认状态时,顶端突出显示的是系统当前驱动器名。运行时可单击下拉箭头,从下拉列表框中选择一个驱动器;或当驱动器列表框获取焦点时,可以输入任何有效的驱动器标识来从中选择一个驱动器,如图1.20所示。

图 1.20

1. 常用属性

(1)Drive 属性

DriveListBox 控件的 Drive 属性用于指定出现在驱动器列表框顶端的驱动器,可以通过单击驱动器列表框,也可以在程序代码中通过改变 Drive 属性来设置驱动器。

(2)ListIndex 属性

驱动器列表框和文件列表框中当前的第一项索引值为0,下拉列表的第二项索引值为1,依此类推,文件列表框中如果没有文件显示则 ListIndex 属性为 -1。

(3)ListCount 属性

ListCount 属性返回各文件系统控件内所列项目的总数,可以用于这三种文件系统控件。

2. 事件

Change 事件

通常,DriveListBox,DirListBox 和 FileListBox 控件组合起来使用,在改变驱动器列表框中的驱动器时,目录列表框中显示的目录也应变化。同样,目录列表框中目录改变,文件列表框也应改变,因此必须建立 DriveListBox、DirListBox 和 FileListBox 控件的关联。可以通过 DriveListBox 和 DirListBox 控件的 Change 事件来实现关联:

```
Private Sub Drive1_Change()
'改变驱动器
Dir1.Path = Drive1.Drive
End Sub
Private Sub Dir1_Change()
'改变目录
File1.Path = Dir1.Path
End Sub
```

3. 常用语句

ChDrive 语句用于设置当前驱动器。

语法:

ChDrive 驱动器

例如,自动实现当前驱动器的同步:

```
Private Sub Drive1_Change()
'改变当前驱动器
ChDrive Drive1.Drive
End Sub
```

1.4.14 目录列表框(DirListBox)

目录列表框用于显示一个磁盘的目录结构。显示从根目录起的所有子目录,子目录相对上一级被缩进。默认为当前 VB 所在的目录,如图 1.21 所示。

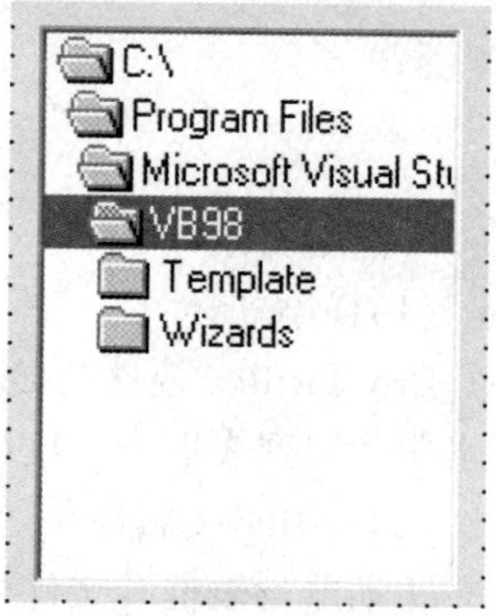

图 1.21

1. 常用属性

(1) Path 属性

DirListBox 控件和 FileListBox 控件都有 Path 属性,只能在程序代码中设置。

语法:对象.Path = 路径

DirListBox 的 Path 属性用来设置当前目录路径,FileListBox 的 Path 属性用来设置文件的路径。

(2) ListIndex 属性

目录列表框当前指定的目录为打开的子目录,则索引值为 -1,紧邻其上的目录索引值为 -2,依此类推到最高层目录,相应的当前目录的第一级子目录的索引值为 0,而其他并列的子目录索引值依次为 1,2,3,…。

(3) ListCount 属性

ListCount 属性返回各文件系统控件内所列项目的总数,可以用于这三种文件系统控件。

2. 事件

通常，DriveListBox，DirListBox 和 FileListBox 控件组合起来使用，在改变驱动器列表框中的驱动器时，目录列表框中显示的目录也应变化。同样，目录列表框中目录改变，文件列表框也应改变，因此必须建立 DriveListBox，DirListBox 和 FileListBox 控件的关联。可以通过 DriveListBox 和 DirListBox 控件的 Change 事件来实现关联。

```
Private Sub Drive1_Change( )
'改变驱动器
Dir1. Path = Drive1. Drive
End Sub
Private Sub Dir1_Change( )
'改变目录
File1. Path = Dir1. Path
End Sub
```

3. 常用语句

ChDir 语句设置当前工作目录。

语法：ChDir 路径

1.4.15 文件列表框(FileListBox)

文件列表框用于显示当前目录中的所有文件名，如图 1.22 所示。

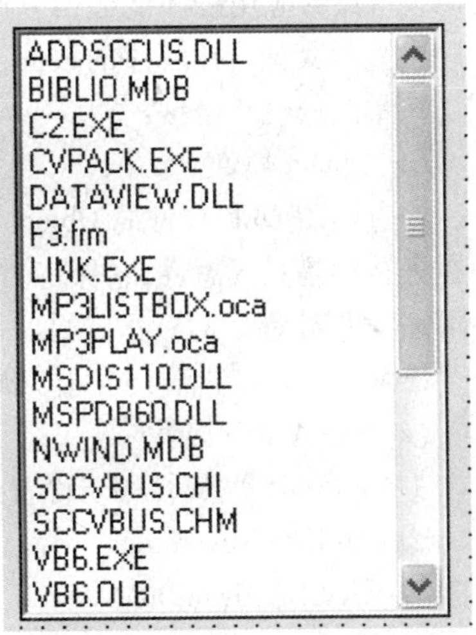

图 1.22

1. 常用属性

(1) Path 属性

DirListBox 控件和 FileListBox 控件都有 Path 属性，只能在程序代码中设置。

语法：对象. Path = 路径

DirListBox 的 Path 属性用来设置当前目录路径，FileListBox 的 Path 属性用来设置文件的路径。

(2) Pattern 属性

FileListBox 控件的 Pattern 属性用来设置 FileListBox 中要显示的文件种类。默认时 Pattern 属性值为"＊.＊"，即显示所有类型的文件，VB 支持通配符"＊"和"?"，如"＊. frm"和"???. bas"。

2. 事件

(1) Click 事件

对选中的文件进行事件响应。

(2) PathChange 事件

FileListBox 控件的 PathChange 事件是当设置文件名或修改 Path 属性时触发的。

1.4.16 直线控件(Line)

直线控件用于在窗体、框架或图片框中绘制简单的线段。常用属性如下：

(1) X1、Y1 起点坐标；

(2) X2、Y2 终点坐标。

1.4.17 形状控件(Shape)

形状控件用于在窗体、框架或图片框中绘制几何形状,如矩形、正方形、椭圆、圆角矩形、圆角正方形、圆形。

(1)Shape 预定义的形状 。

0 - Rectangle	VbShapeRectangle	矩形
1 - Square	VbShapeSquare	正方形
2 - Oval	VbShapeOval	椭圆形
3 - Circle	VbShapeCircle	圆形
4 - RoundedRectangle	VbShapeRoundedRectangle	圆角矩形
5 - RoundedSquare	VbShapeRoundedSquare	圆角正方形

(2)FillColor 图形的填充色。

(3)FillStyle 图形底纹,有 8 种底纹。

(4)BackStyle 图形背景式样:0 - Transparen 透明;1 - Opaque 不透明。

1.4.18 OLE 容器控件

VB 的控件箱中提供了 OLE 控件,又称为 OLE 容器控件,为使用对象的可视界面提供了最大的灵活性。OLE 的含义是链接和嵌入对象(Object Linked and Embeded),利用 OLE 可以使 VB 的应用程序能够很方便地使用 Windows 环境中的其他应用程序功能,在自己的程序中显示其他应用程序的数据,以便进一步处理数据。

1. 常用属性

(1)Object 属性

通过使用 OLE 控件的 Object 属性,可以使用链接或嵌入对象的属性和方法。Object 属性在运行时是只读属性,它保持对 OLE 控件中对象的引用。使用该属性 OLE 控件必须包含可编程的对象。

语法:OLE 控件名. Object[.属性|方法]

(2)AutoActive 属性

①AutoActive 属性用于设置激活 OLE 控件对象的方式,该属性对应的如下各种方式:

②vbOLEActivateManual 手工激活,使用 DoVerb 方法;vbOLEActivateGetFocus 接受焦点激活;vbOLEActivateDoubleclick 双击或按 ENTER 键激活;vbOLEActivateAuto 自动激活。

(3)OLEType 属性

OLEType 属性返回 OLE 容器控件中对象的状态:0 - vbOLELinked 表示链接,1 - vbOLEEmbedded表示嵌入,2 - vbOLENone表示不包含对象。

(4)Class 属性

Class 属性为内嵌对象的类名。例如,当嵌入“媒体剪辑”时,OLE1 控件设置为“OLE1. Class = MPlayer”。

(5)SizeMode 属性

SizeMode 属性用来指定 OLE 对象如何调整大小,或如何显示图像:0 为剪裁,对象按实际大小显示;1 为伸展,调整对象图像的大小使其充满 OLE 控件;2 为自动,如果显示对象的大小作了改变,OLE 控件自动调整大小;3 为缩放,重新调整对象的大小使其尽可能充满

OLE 控件,且仍然维持该对象原来的比例。属性如图1.23所示。

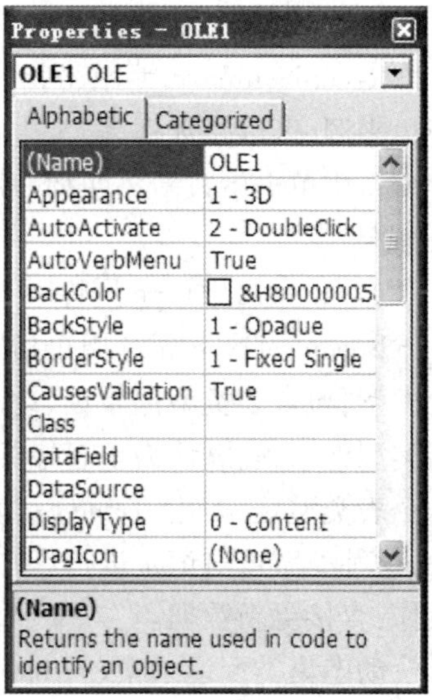

图 1.23

2. 常用方法

(1) Update 方法

要在 OLE 控件中显示当前的最新数据,则要使用控件的 Update 方法。运行时对源文件的更改不会自动出现在 OLE 控件中,必须使用 Update 方法。

语法:OLE 对象名. Update

(2) Delete 方法

Delete 方法删除指定对象,释放关联的内存。当关闭窗体或对象被一个新对象取代时,对象都将被自动删除。

(3) DoVerb 方法

在运行时,可以使用 OLE 控件的 DoVerb 方法激活一个对象,进行编辑等操作。有些嵌入的对象可以通过双击来从 OLE 控件内部激活,称为现场激活。

(4) Close 方法

如果要退出 OLE 对象的激活状态,可以调用 OLE 控件的 Close 方法。

1.4.19　数据控件(Data)

在控件箱中的 Data 控件是 VB 用于数据库操作的控件,使用 Data 控件只需要编写很少量的代码就可以访问多种数据库中的数据。将 Data 控件放置在窗体上就可以看到 Data 控件的外观,如图 1.24 所示。

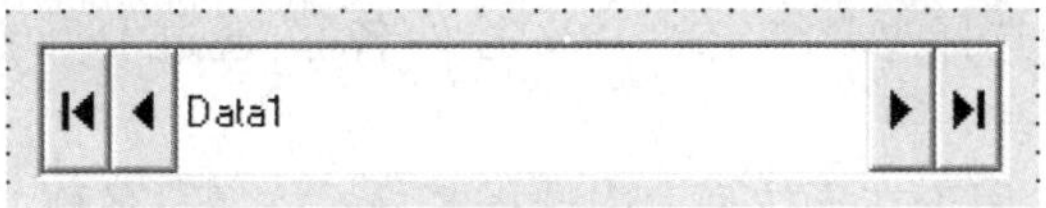

图 1.24

◄为移动到前一条记录,►为移动到下一条记录,|◄为移动到第一条记录员,►|为移动到最后一条记录。

1. 常用属性

(1) Connect 属性

Connect 属性用来指定该数据控件所要访问的数据库格式,默认值为 Access,还包括 dBASE、FoxPro、Excel 等,如图 1.25 所示。在运行时设置 Connect 属性,可以使用代码:

Data1. Connect = " Access"

(2) DatabaseName 属性

DatabaseName 属性是用于确定数据控件使用的数据库,包括其完整的路径。如果要访问的是 Access 数据库,就可以单击其按钮将其设置为. mdb 文件。在运行时设置 DatabaseName 属性,可以使用代码:

Data1. DatabaseName = "C:\DatabaseName. mdb"

(3)RecordSource 属性

RecordSource 属性用于指定数据控件所访问的记录来源,可以是数据表名,也可以是查询名。在属性窗口中单击下拉箭头在列表中选出数据库中的记录来源。

(4)RecordsetType 属性

RecordsetType 属性用于指定数据控件存放记录的类型,包含表类型记录集、动态集类型记录集和快照类型记录集,默认为动态集类型。

表类型记录集(Table):包含实际表中所有记录,这种类型可对记录进行添加、删除、修改、查询等操作,直接更新数据。

动态集类型记录集(Dynaset):可以包含来自于一个或多个表中记录的集合,既能从多个表中组合数据,也可只包含所选择的字段。这种类型可以加快运行的速度,但不能自动更新数据。

快照类型记录集(Snapshot):与动态集类型记录集相似,但这种类型的记录集只能读不能更改数据。

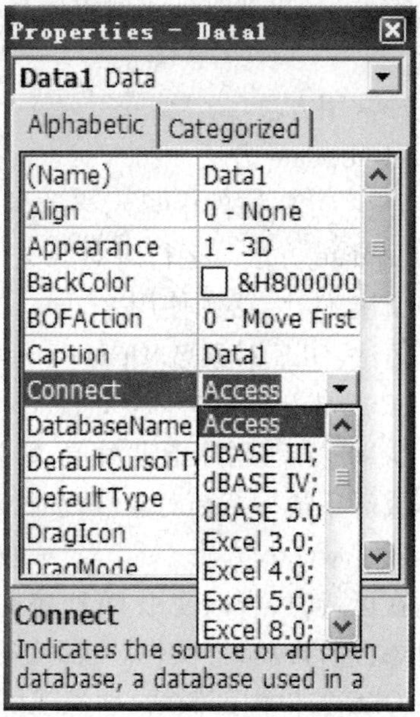

图 1.25

2. 数据感知控件

控件箱中的常用控件有 Label, TextBox, CheckBox, Image, OLE, PictureBox, ListBox 和 ComboBox 等都能和 Data 控件绑定。数据感知控件要与 Data 控件绑定必须要设置两个属性:DataSource 和 DataField。

(1)DataSource 属性

用于在下拉列表中选择想要绑定的 Data 控件名称,通过 Data 控件与数据库文件联系起来,如图 1.26 所示。

(2)DataField 属性:用于在下拉列表中选择要显示的字段名称,如图 1.27 所示。

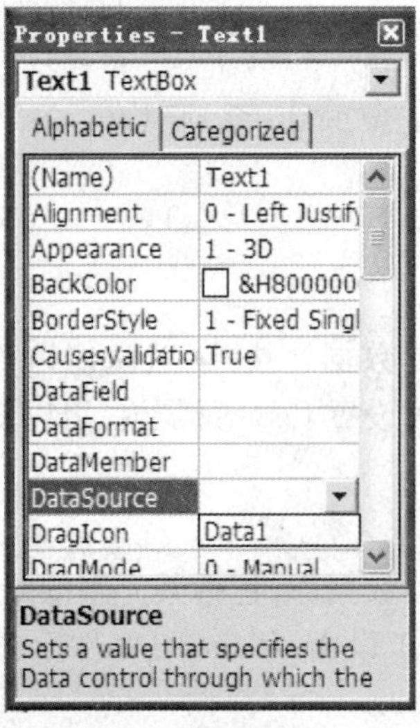

图 1.26

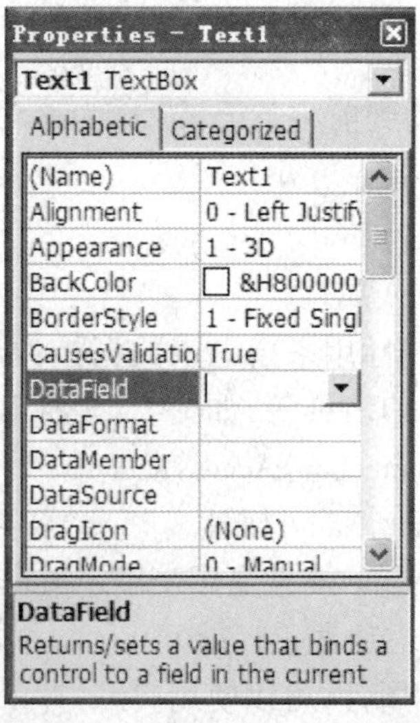

图 1.27

第 2 章　Visual Basic 上机实验

第一次实验　创建一个简单的 Visual Basic 应用程序

实验一:创建用户界面,要求输入直角三角形的两条直角边长,计算输出直角三角形的面积。程序运行结果如图 2.1 所示。

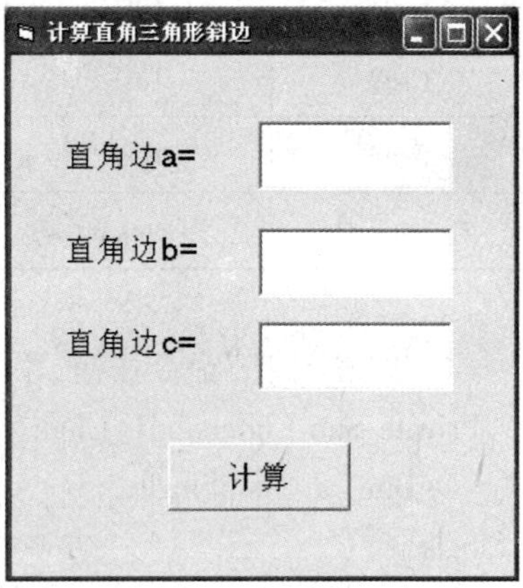

图 2.1

实验目的:

(1)熟悉基本的数据类型定义;

(2)掌握求平方根数学函数 sqr;

(3)掌握建立 VB 工程的方法。

编程步骤详解:

(1)在 Windows【开始】菜单中点击“Microsoft Visual Basic 6.0”应用程序,会弹出对话框如图 2.2 所示,选择“Standard EXE”项,然后单击“打开”按钮,这样就建立了一个新的工程。

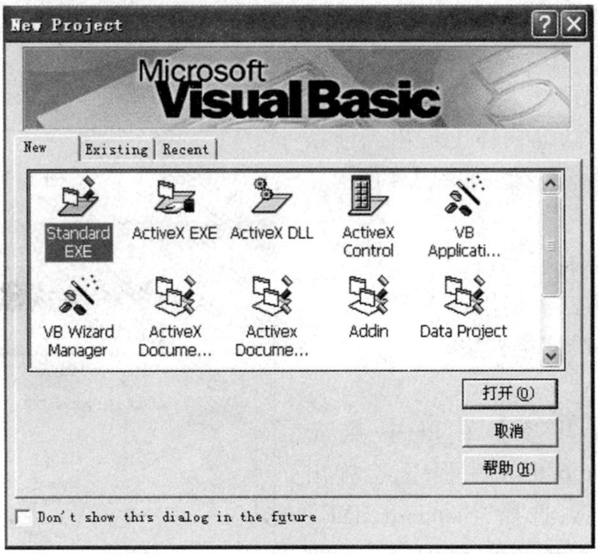

图 2.2

(2)选择窗体“Form1”,在窗体的属性栏中设置窗体的属性如下:窗体“Form1”的 Caption 属性设置为“计算直角三角形斜边”。

(3)打开窗体“Form1”添加“Label”控件、“TextBox”控件和“CommandButton”控件到窗体,窗体布局如图2.3所示。窗体中各控件参数如表2.1所示。

表2.1

控件名称	属性名称	属性值
Label1	Caption	直角边 a =
Label2	Caption	直角边 b =
Label3	Caption	直角边 c =
Text1	Text	清空
Text2	Text	清空
Text3	Text	清空
Command1	Caption	计算

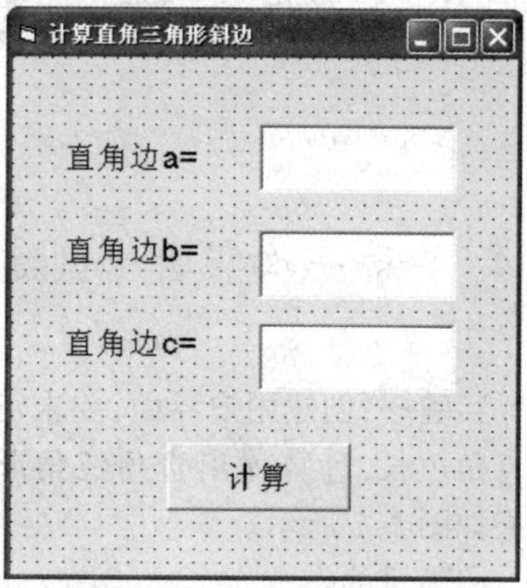

图2.3

(4)双击“计算”命令按钮,添加事件响应代码如下:

```
Private Sub Command1_Click()
    Dim a As Single, b As Single, c As Single
    a = Val(Text1.Text)  '直角边
    b = Val(Text2.Text)
    c = Sqr(a ^ 2 + b ^ 2)  '计算斜边
    Text3.Text = c
End Sub
```

(5)编译调试程序。

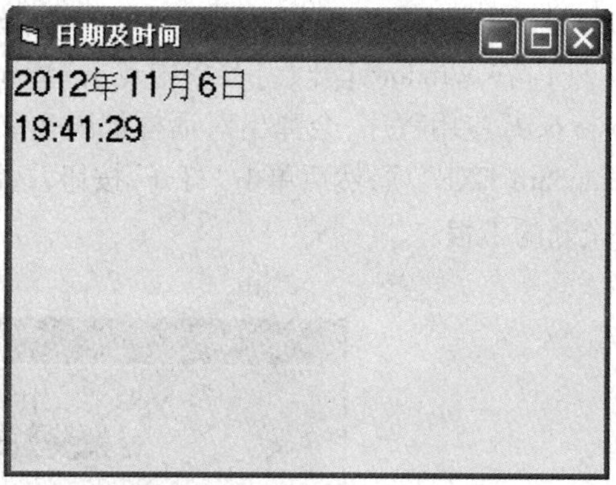

图2.4

实验二:单击窗体,向窗体上输出当前系统的日期及时间,程序运行结果如图2.4所示。

实验目的:

(1)熟悉常用的时间函数;

(2)熟悉Print方法的使用;

(3)熟悉字符串的连接方法。

编程步骤详解:

(1)在Windows【开始】菜单中点击“Microsoft Visual Basic 6.0”应用程序,会弹出对话框如图2.5所示,选择“Standard EXE”项,然后单击“打开”按钮,这样就建立了一个新的工程。

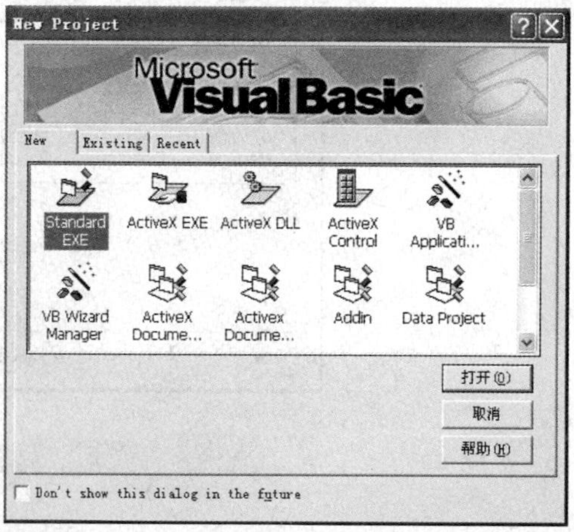

图2.5

(2)选择窗体“Form1”,在窗体的属性栏中设置窗体的属性如下:窗体“Form1”的Caption属性设置为“日期及时间”,并设置

"Form1"的"AutoRedraw"属性为"Ture",同时设置"Font"属性字体大小为"14"号。

(3)添加窗体单击响应事件,如图 2.6 所示,事件代码如下:

```
Private Sub Form_Click( )
  Dim s1 As String, s2 As String
  '构建日期字符串
  s1 = Year( Date) & "年" & Month( Date) & "月" & Day( Date) & "日"
  '构建时间字符串
  s2 = Hour( Now) & ":" & Minute( Now) & ":" & Second( Now)
  Print s1
  Print s2
End Sub
```

图 2.6

(4)编译及调试程序。

实验三:通过 inputbox 函数输入英文字母,在文本框中输出字母对应的 ASCII 代码值,程序运行界面如图 2.7 和图 2.8 所示。

图 2.7

图 2.8

实验目的:

(1)熟悉 inputbox 函数的使用方法;

(2)熟悉字符串函数 ASC( );

(3)熟悉 textbox 控件对象的使用。

编程步骤详解:

(1)在 Windows【开始】菜单中点击"Microsoft Visual Basic 6.0"应用程序,会弹出对话框,如图 2.9 所示,选择"Standard EXE"项,然后单击"打开"按钮,这样就建立了一个新的工程。

(2)选择窗体"Form1",在窗体的属性栏中设置窗体的属性如下:窗体"Form1"的 Caption 属性设置为"转换" 。

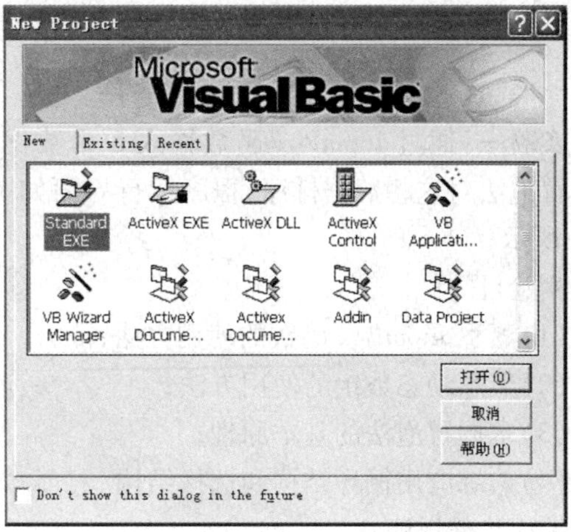

图 2.9

(3)打开窗体“Form1”,添加“TextBox”控件和“CommandButton”控件到窗体,窗体布局如图2.10所示。窗体中各控件参数如表2.2所示。

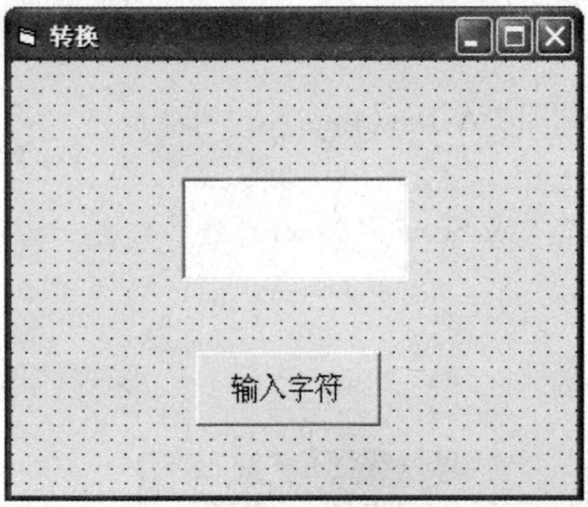

图 2.10

表 2.2

控件名称	属性名称	属性值
Text1	Text	清空
Command1	Caption	输入字符

(4)单击“输入字符”命令按钮,添加事件响应代码如下:

```
Private Sub Command1_Click( )
  Dim s As String, b As Integer
  '输入单个字符
  s = InputBox("输入字符", "输入要转换的字符", "")
  '转换为 ASCII 码
  b = Asc(s)
  '显示在文本框中
  Text1.Text = b
End Sub
```

(5)编译及调试程序。

第二次实验　基本控制结构

实验一:通过InputBox函数输入8个数据,采用冒泡法对这些数据排序,程序运行界面如图2.11所示。

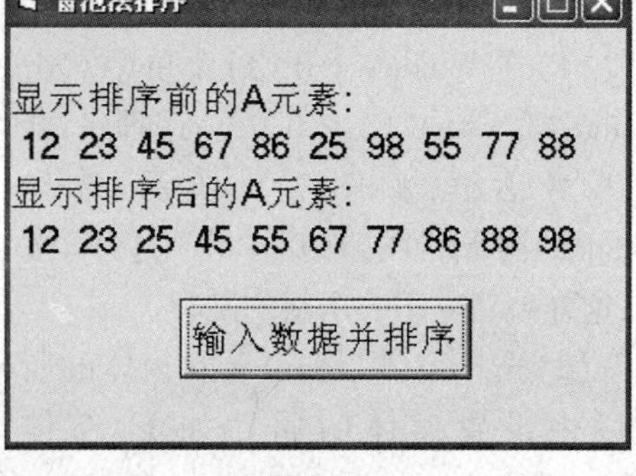

图 2.11

实验目的:

(1)熟悉InputBox函数的使用方法;

(2)熟悉动态数组的使用方法;

(3)掌握冒泡法的基本原理;

(4)熟练应用循环结构和选择结构。

编程步骤详解:

(1)在Windows【开始】菜单中点击

"Microsoft Visual Basic 6.0"应用程序，会弹出对话框如图 2.12 所示，选择"Standard EXE"项，然后单击"打开"按钮，这样就建立了一个新的工程。

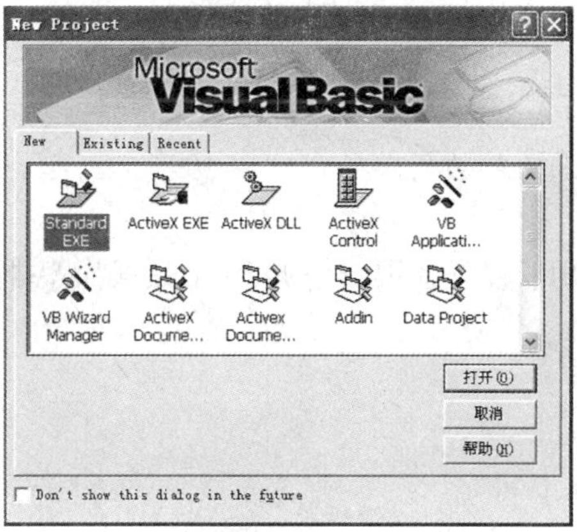

图 2.12

(2)选择窗体"Form1"，在窗体的属性栏中设置窗体的属性如下：窗体"Form1"的 Caption 属性设置为"冒泡法排序"（图 2.13），并设置"Form1"的"AutoRedraw"属性为"Ture"，同时设置"Font"属性字体大小为"14"号。

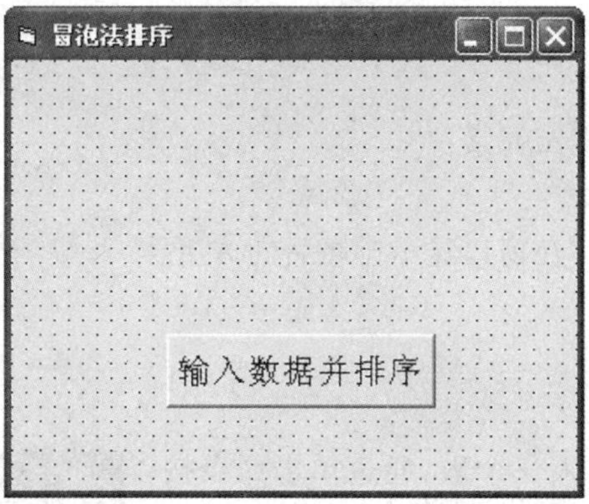

图 2.13

(3)打开窗体"Form1"，添加"CommandButton"  控件到窗体，并设置控件属性如表 2.3所示。

表 2.3

控件名称	属性名称	属性值
Command1	Caption	输入数据并排序

(4)双击"输入数据并排序"命令按钮，并添加事件响应代码如下：

```
Option Base 1
Private Sub Command1_Click( )
```

```
'起泡法排序
Const N = 10
Dim a(N) As Integer
Dim i As Integer, j As Integer, t As Integer
Print
Print "显示排序前的 A 元素:"
'产生 1 到 100 间的随机整数
For i = 1 To N
  a(i) = Val(InputBox("输入要排序的 10 个数据","排序",""))
  Print a(i);
Next i
For j = 1 To N - 1
  For i = 1 To N - j
      If a(i) > a(i + 1) Then          '相邻的数比较并调换顺序
        t = a(i)                  't 为中间变量
        a(i) = a(i + 1)
        a(i + 1) = t
      End If
  Next i
Next j
Print
Print "显示排序后的 A 元素:"
For i = 1 To N
  Print a(i);         '在窗口显示排序后的 A 元素
Next i
End Sub
```

(5)编译并调试程序。

实验二:通过文本框输入三个数,通过单击命令按钮,按从小到大的顺序显示出来,结果显示在窗体上,运行结果如图 2.14 所示。

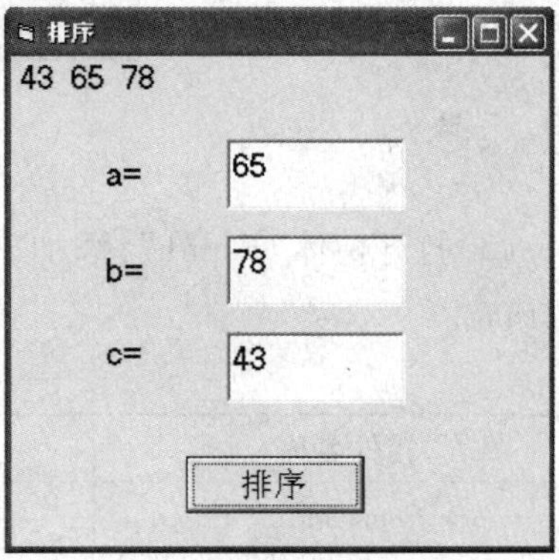

图 2.14

实验目的:

(1)熟悉文本框控件的使用;

(2)熟练选择结构语句;

(3)掌握 Print 方法的使用。

编程步骤详解:

(1)在 Windows【开始】菜单中点击"Microsoft Visual Basic 6.0"应用程序,会弹出对话框,如图2.15所示,选择"Standard EXE"项,然后单击"打开"按钮,这样就建立了一个新的工程。

(2)选择窗体"Form1",在窗体的属性栏中设置窗体的属性如下:窗体"Form1"的

图 2.15

Caption 属性设置为“排序”，并设置“Form1”的“AutoRedraw”属性为“Ture”，同时设置“Font”属性字体大小为“14”号。

(3)打开窗体“Form1”，添加“Label” A 控件、“TextBox” abl 控件和“CommandButton” 控件到窗体，窗体布局如图 2.16 所示，窗体中各控件参数如表 2.4 所示。

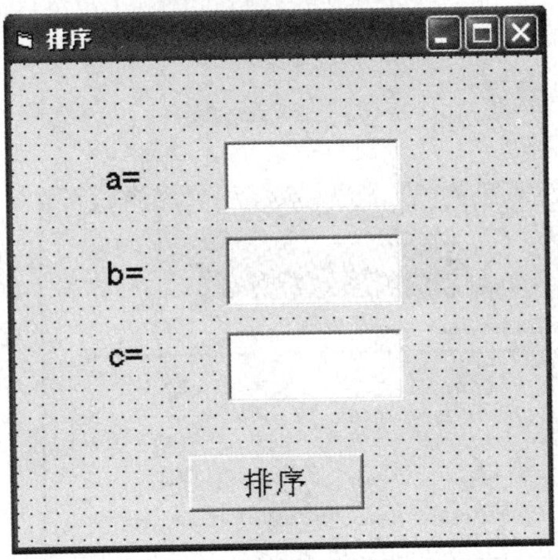

图 2.16

表 2.4

控件名称	属性名称	属性值
Label1	Caption	a =
Label2	Caption	b =
Label3	Caption	c =
Text1	Text	清空
Text2	Text	清空
Text3	Text	清空
Command1	Caption	排序

(4)双击“排序”命令按钮，添加事件响应代码如下：

```
Private Sub Command1_Click( )
   Dim a As Single, b As Single, c As Single, t As Single
   a = Val(Text1. Text)
   b = Val(Text2. Text)
```

```
    c = Val(Text3.Text)
    '排序
    If a > b Then t = a: a = b: b = t
    If a > c Then t = a: a = c: c = t
    If b > c Then t = b: b = c: c = t
    '输出到窗体
    Print a; b; c
End Sub
```

(5)编译及调试程序。

实验三:创建空白窗体,在单击窗体时计算并显示九九乘法表,运行界面如图 2.17 所示。

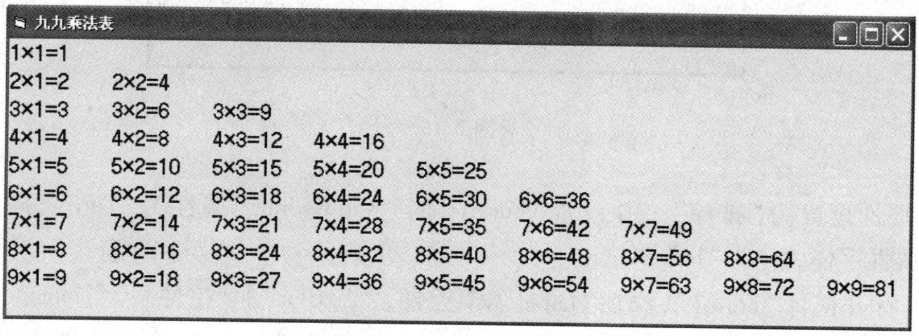

图 2.17

实验目的:

(1)熟练循环结构语句的嵌套调用;

(2)掌握 Print 方法的使用。

编程步骤详解:

(1)在 Windows【开始】菜单中点击"Microsoft Visual Basic 6.0"应用程序,会弹出对话框如图 2.18 所示,选择"Standard EXE"项,然后单击"打开"按钮,这样就建立了一个新的工程。

图 2.18

(2)选择窗体"Form1",在窗体的属性栏中设置窗体的属性如下:窗体"Form1"的 Caption 属性设置为"九九乘法表",并设置"Form1"的"AutoRedraw"属性为"Ture",同时设置"Font"属性字体大小为"14"号。

(3)添加窗体"Form1"的单击事件响应,添加代码如下:

```
Private Sub Form_Click()
    '单击窗体显示乘法表
```

```
    Dim i As Integer, j As Integer
    For i = 1 To 9
      For j = 1 To i
          Print Tab((j - 1) * 10 + 1); i & " × " & j & " = " & i * j;
      Next j
    Next i
End Sub
```

(4)编译及调试程序。

第三次实验 常用控件使用

实验一:输入学生的学号、姓名、性别、籍贯和系别,进行信息的综合显示,界面如图2.19所示。功能要求:学号和姓名使用文本框(Text1,Text2)输入;由于性别是互斥的,使用框架控件(Frame1)将性别的选项按钮(Option1,Option2)分组;籍贯使用列表框(List1);系别使用组合框(Combo1);单击"显示"(Command1)按钮将学生信息显示在文本框(Text3)中。

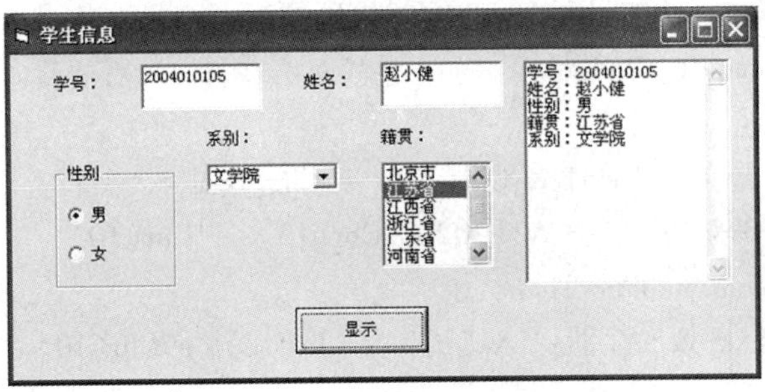

图 2.19

实验目的:熟练掌握常用控件的使用。

编程步骤详解:

(1)在Windows【开始】菜单中点击"Microsoft Visual Basic 6.0"应用程序,会弹出对话框如图2.20所示,选择"Standard EXE"项,然后单击"打开"按钮,这样就建立了一个新的工程。

图 2.20

(2)选择窗体"Form1",在窗体的属性栏中设置窗体的属性如下:窗体"Form1"的Caption属性设置为"学生信息"。

(3)打开窗体"Form1"添加各控件到窗体,窗体布局如图2.19所示,窗体中各控件参数如表2.5所示。

表 2.5

控件名称	属性名称	属性值	控件名称	属性名称	属性值
Form1	Caption	学生信息	Frame1	Caption	性别
Label1	Caption	学号:	List1	List	北京市
Label1	Caption	姓名:	List1	List	江苏省
Text1	Text	清空	List1	List	江西省
Text2	Text	清空	List1	List	浙江省
Text3	Text	清空	List1	List	广东省
Text3	MultiLne	True	List1	List	河南省
Text3	ScrollBars	2	Combo1	List	机械学院
Option1	Caption	男	Combo1	List	文学院
Option1	Value	True	Combo1	List	商学院
Option2	Caption	女	Combo1	List	数学院
Command1	Caption	显示	Combo1	List	计算机学院

(4)单击“显示”命令按钮,添加事件响应代码如下:

```
Private Sub Command1_Click()
   '单击显示按钮
   Text3 = "学号:" & Text1 & Chr(13) + Chr(10)
   Text3 = Text3 & "姓名:" & Text2 & Chr(13) + Chr(10)
   If Option1.Value = True Then
     Text3 = Text3 & "性别:" & "男" & Chr(13) + Chr(10)
   Else
     Text3 = Text3 & "性别:" & "女" & Chr(13) + Chr(10)
   End If
   Text3 = Text3 & "籍贯:" & List1.Text & Chr(13) + Chr(10)
   Text3 = Text3 & "系别:" & Combo1.Text & Chr(13) + Chr(10)
End Sub
```

(5)编译并调试程序。

实验二:创建一个简单的计算器,可以实现简单的加减乘除运算,程序运行界面如图2.21所示。

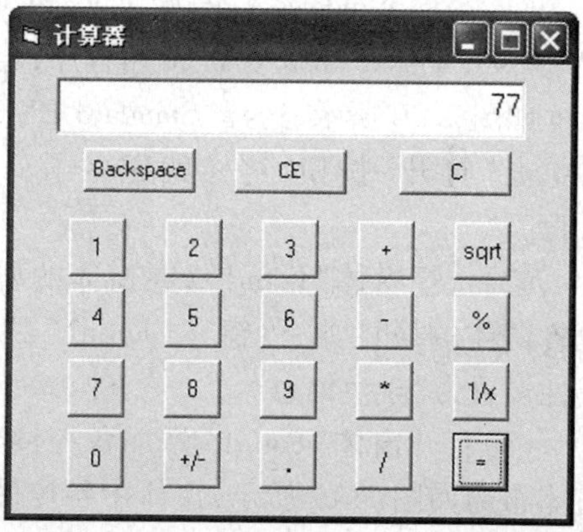

图 2.21

实验目的:

(1)熟练掌握控件数组的应用;

(2)熟练掌握常用数学运算符;

(3)熟练掌握字符串连接方法。

编程步骤详解:

(1)在 Windows【开始】菜单中点击“Microsoft

Visual Basic 6.0"应用程序,会弹出对话框如图 2.22 所示,选择"Standard EXE"项,然后单击"打开"按钮,这样就建立了一个新的工程。

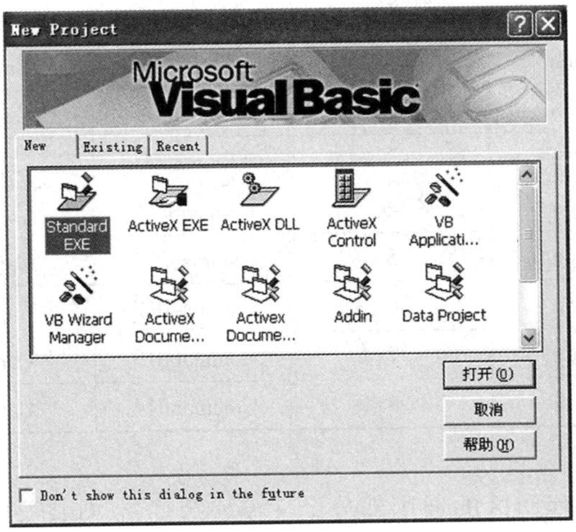

图 2.22

(2)选择窗体"Form1",在窗体的属性栏中设置窗体的属性如下:窗体"Form1"的 Caption 属性设置为"计算器"。

(3)打开窗体"Form1"添加"TextBox"控件和"CommandButton"按钮控件到窗体,同时创建数字键按钮的控件数组,窗体布局如图2.23所示,窗体中各控件参数如表 2.6 所示。

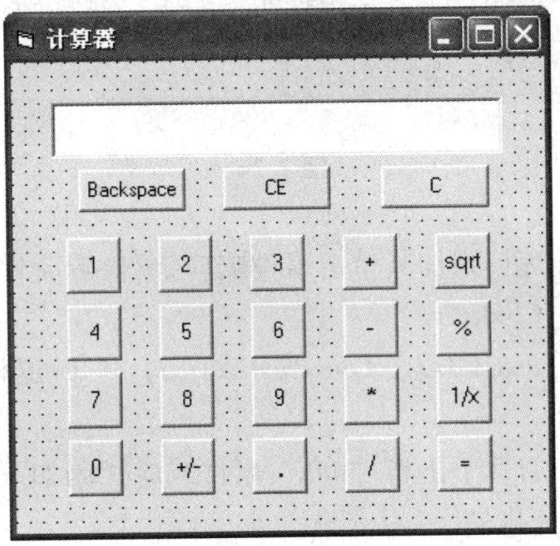

图 2.23

表 2.6

控件名称	属性名称	属性值	控件名称	属性名称	属性值
Text1	Text	清空	Command4(8)	Caption	9
Command1	Caption	Backspace	Command4(9)	Caption	0
Command2	Caption	CE	Command5	Caption	+/-

表 2.6(续)

控件名称	属性名称	属性值	控件名称	属性名称	属性值
Command3	Caption	C	Command6	Caption	+
Command4(0)	Caption	1	Comman7	Caption	–
Command4(1)	Caption	2	Command8	Caption	*
Command4(2)	Caption	3	Command9	Caption	/
Command4(3)	Caption	4	Command10	Caption	sqrt
Command4(4)	Caption	5	Command11	Caption	%
Command4(5)	Caption	6	Command12	Caption	1/x
Command4(6)	Caption	7	Command13	Caption	=
Command4(7)	Caption	8	Command14	Caption	.

(4)在窗体“Form1”代码区的通用部分定义模块级变量,如图 2.24 所示,代码如下:

```
Dim flag As Integer '判断是否上次运算结束,即是否按过符号“ = ”
Dim flag1  As Integer '判断是否按过符号“. ”
Dim flag2  As Integer '判断是否按过符号“ +/-”
Dim a, b As Single '定义运算对象 a,b
Dim fuhao As Integer '定义运算符号变量
```

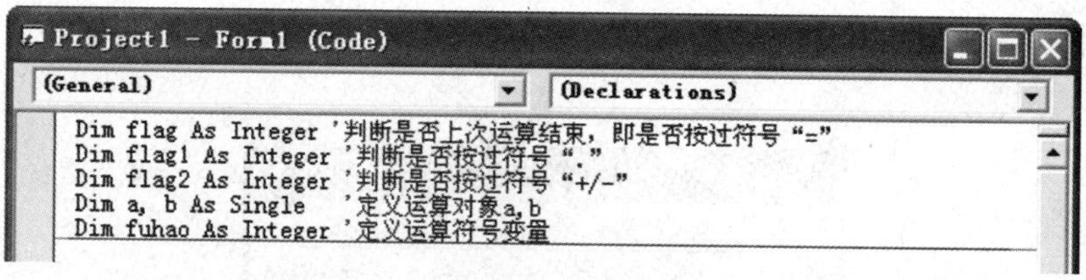
Project1 - Form1 (Code)
(General)
(Declarations)
Dim flag As Integer '判断是否上次运算结束, 即是否按过符号 "="
Dim flag1 As Integer '判断是否按过符号 "."
Dim flag2 As Integer '判断是否按过符号 "+/-"
Dim a, b As Single '定义运算对象a,b
Dim fuhao As Integer '定义运算符号变量

图 2.24

(5)双击“Backspace”按钮,添加其单击事件响应,事件响应代码如下:

```
Private Sub Command1_Click()
    Text1.Text = Left(Text1.Text, Len(Text1.Text) - 1)退格
End Sub
```

(6)双击“CE”按钮,添加其单击事件响应,事件响应代码如下:

```
Private Sub Command2_Click()
    '清空
    Text1.Text = ""
End Sub
```

(7)双击“C”按钮,添加其单击事件响应,事件响应代码如下:

```
Private Sub Command3_Click()
    '清空
    Text1.Text = ""
End Sub
```

(8)双击任意数字键按钮,添加控件数组的单击事件响应,事件响应代码如下:

```
Private Sub Command4_Click(Index As Integer)
    If flag2 = 1 Then  '上一次运算结束标识,即按过符号"="
        Text1.Text = ""
        Text1.Text = Text1.Text & Command4(Index).Caption  '构建输入文本字符串
        flag2 = 0
    Else
        Text1.Text = Text1.Text & Command4(Index).Caption
    End If
End Sub
```

(9)双击"+/-"按钮,添加其单击事件响应,事件响应代码如下:

```
Private Sub Command5_Click()
    If flag = 0 Then  '判断是否按下符号"+/-"
        Text1.Text = "-" & Text1.Text  '构建运算字符串
        flag = 1
    Else
        Text1.Text = Right(Text1.Text, Len(Text1.Text) - 1)
        flag = 0
    End If
End Sub
```

(10)双击"."按钮,添加其单击事件响应,事件响应代码如下:

```
Private Sub Command14_Click()
    If flag1 = 0 Then
        Text1.Text = Text1.Text & "."  '构建数字字符串
        flag1 = 1
    Else
    End If
End Sub
```

(11)双击"+"按钮,添加其单击事件响应,事件响应代码如下:

```
Private Sub Command6_Click()
    a = Text1.Text
    fuhao = 1  '符号"+"
    Text1.Text = ""
End Sub
```

(12)双击"-"按钮,添加其单击事件响应,事件响应代码如下:

```
Private Sub Command7_Click()
    a = Text1.Text
    fuhao = 2  '符号"-"
    Text1.Text = ""
End Sub
```

(13)双击"＊"按钮,添加其单击事件响应,事件响应代码如下:

```
Private Sub Command8_Click()
    a = Text1.Text
    fuhao = 3 '符号*
    Text1.Text = ""
End Sub
```

(14)双击"/"按钮,添加其单击事件响应,事件响应代码如下:

```
Private Sub Command9_Click()
    a = Text1.Text
    fuhao = 4 '符号"/"
    Text1.Text = ""
End Sub
```

(15)双击"sqrt"按钮,添加其单击事件响应,事件响应代码如下:

```
Private Sub Command10_Click()
    a = Text1.Text
    fuhao = 5  '符号"sqr"
    Text1.Text = " "
End Sub
```

(16)双击"%"按钮,添加其单击事件响应,事件响应代码如下:

```
Private Sub Command11_Click()
    a = Text1.Text
    fuhao = 6  '符号"%"
    Text1.Text = ""
End Sub
```

(17)双击"1/x"按钮,添加其单击事件响应,事件响应代码如下:

```
Private Sub Command12_Click()
    a = Text1.Text
    fuhao = 7  '符号"1/x"
    Text1.Text = ""
End Sub
```

(18)双击"="按钮,添加其单击事件响应,事件响应代码如下:

```
Private Sub Command13_Click()
    '运算
    b = Val(Text1.Text)
    If fuhao = 1 Then
      Text1.Text = a + b
    ElseIf fuhao = 2 Then
      Text1.Text = a - b
    ElseIf fuhao = 3 Then
      Text1.Text = a * b
```

```
    ElseIf fuhao = 4 Then
        Text1.Text = a / b
    ElseIf fuhao = 5 Then
        Text1.Text = CStr(Sqr(a))
    ElseIf fuhao = 6 Then
        Text1.Text = a Mod b
    ElseIf fuhao = 7 Then
        Text1.Text = 1 / a
    End If
    flag2 = 1
End Sub
```

(19)编译及调试程序。

实验三:在窗体上画一个定时器控件和一个标签,程序运行后,实现标签在窗体内的动态移动显示,如图2.25所示。

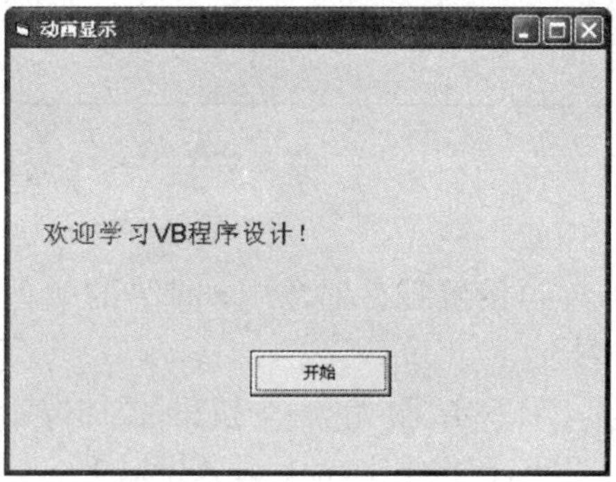

图2.25

实验目的:

(1)熟练掌握定时器的应用;

(2)熟练掌握Label控件。

编程步骤详解:

(1)在Windows【开始】菜单中点击"Microsoft Visual Basic 6.0"应用程序,会弹出对话框如图2.26所示,选择"Standard EXE"项,然后单击"打开"按钮,这样就建立了一个新的工程。

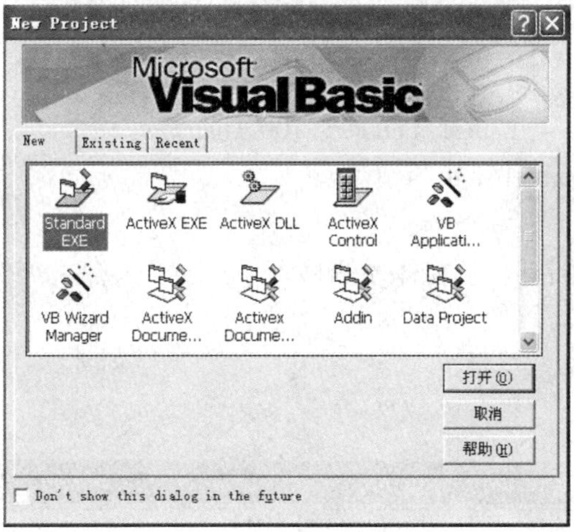

图2.26

(2)选择窗体"Form1",在窗体的属性栏中设置窗体的属性如下:窗体"Form1"的Caption属性设置为"动画显示"。

(3)打开窗体"Form1"添加"Label" **A** 控件、"CommandButton" 按钮控件和定时器控

件到窗体，窗体布局如图 2.27 所示，窗体中各控件参数如表 2.7 所示。

动画显示
欢迎学习VB程序设计！
开始

图 2.27

表 2.7

控件名称	属性名称	属性值
Form1	Caption	动画显示
Label1	Caption	欢迎学习 VB 程序设计!
Label1	Autosize	True
Command1	Caption	开始
Timer1	Enable	False
Timer1	Interval	100

(4)设置控件对象"Label1"的颜色属性"ForeColor"为红色，字体属性"Font"大小为 14 号。

(5)双击"开始"命令按钮，添加按钮的单击响应事件，事件代码如下：

```
Private Sub Command1_Click( )
    '让定时器开始工作
    Timer1. Enabled  =  True
End Sub
```

(6)添加定时器控件对象"Timer1"的"Timer"事件，事件代码如下，如图 2.28 所示：

```
Private Sub Timer1_Timer( )
    '移动标签
    If ( Form1. Width  -  Label1. Left)  >  100 Then
      Label1. Move Label1. Left  +  100
    Else
      '当超过窗体屏幕时，从窗体左侧移入
      Label1. Move 0
    End If
End Sub
```

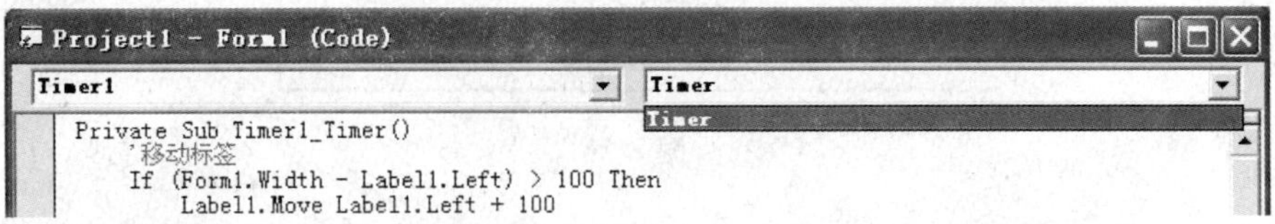
Project1 - Form1 (Code)
Timer1
Timer
Timer
Private Sub Timer1_Timer()
'移动标签
If (Form1.Width - Label1.Left) > 100 Then
Label1.Move Label1.Left + 100

图 2.28

(7)编译调试程序。

第四次实验 应用界面设计

实验一：创建下拉式菜单，菜单中包含快捷键、分隔条，并创建菜单命令的 click 事件，程序运行，界面如图 2.29 所示。

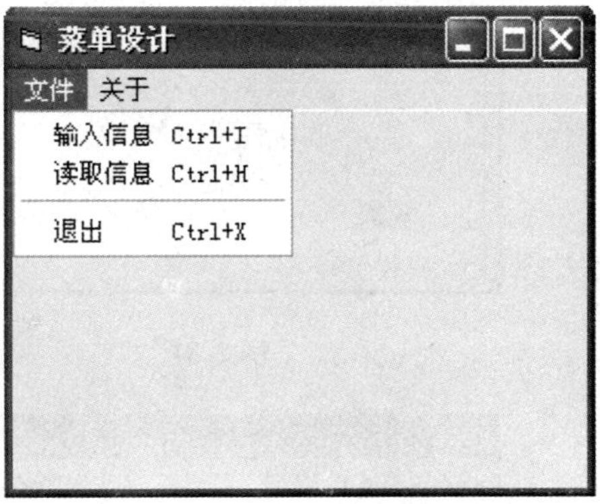

图 2.29

实验目的：

(1)掌握下拉式菜单的设计方法；

(2)掌握如何添加菜单事件。

编程步骤详解：

(1)在 Windows【开始】菜单中点击“Microsoft Visual Basic 6.0”应用程序，会弹出对话框如图 2.30 所示，选择“Standard EXE”项，然后单击“打开”按钮，这样就建立了一个新的工程。

(2)选择窗体“Form1”，在窗体的属性栏中设置窗体的属性如下：窗体“Form1”的 Caption 属性设置为“菜单设计”。

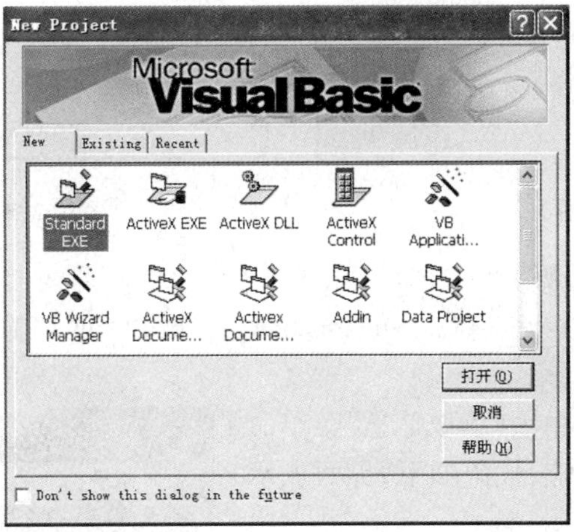

图 2.30

(3)点击菜单栏中的【Tools】|【Menu Editor】命令，会弹出【Menu Editor】对话框，如图 2.31所示，建立一级子菜单“Caption”值为“文件”，“Name”值为“file”，如图 2.32 所示，之后单击“Next”建立新菜单命令，同时单击 ➜ 按钮使新建菜单命令为二级子菜单命令，二级菜单“Caption”值为“输入信息”，“Name”值为“input”，快捷方式“Shortcut”值为“Ctrl + I”，如图 2.33 所示，接着建立二级子菜单命令为“读取信息”“退出”，如图 2.34 所示。再建立一级子菜单“Caption”值为“关于”，“Name”值为“about”，如图 2.34 所示。

(4)在窗体上单击菜单项“输入信息”菜单命令，添加菜单命令事件响应，代码如下，界面显示如图 2.35 所示。

图 2.31

图 2.32

图 2.33

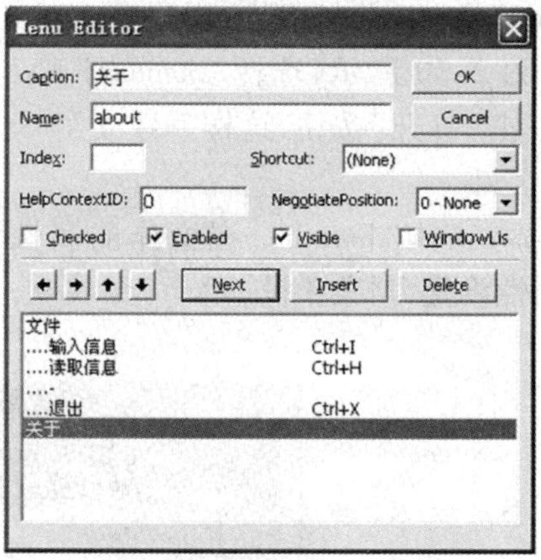

图 2.34

```
Private Sub input_Click( )
    MsgBox "请输入数字信息", vbInformation + vbOKOnly, "输入信息"
End Sub
```

(5)在窗体上单击菜单项“读取信息”菜单命令,添加菜单命令事件响应,代码如下,界面显示如图 2.35 所示。

```
Private Sub read_Click( )
    MsgBox "读取数字信息", vbInformation
+ vbOKOnly, "读取信息"
End Sub
```

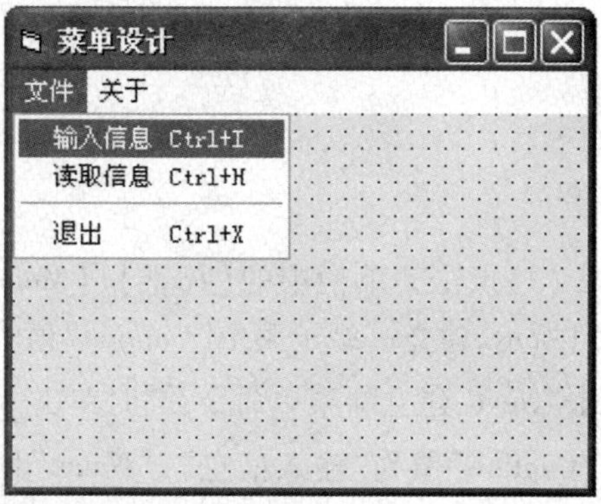

图 2.35

(6)在窗体上单击菜单项“退出”菜单命令,添加菜单命令事件响应,代码如下,界面显示如图 2.35 所示。

```
Private Sub exit_Click( )
    Unload Me
End Sub
```

(7)在窗体上单击菜单项“关于”菜单命令,添加菜单命令事件响应,代码如下,界面显示如图 2.35 所示。

```
Private Sub about_Click( )
    MsgBox "VB 1.0 版本", vbInformation + vbOKOnly, "VB 程序"
End Sub
```

(8)编译调试程序。

实验二:创建自定义工具栏,工具栏要求有图标显示,并添加事件响应,程序运行界面如图 2.36 所示。

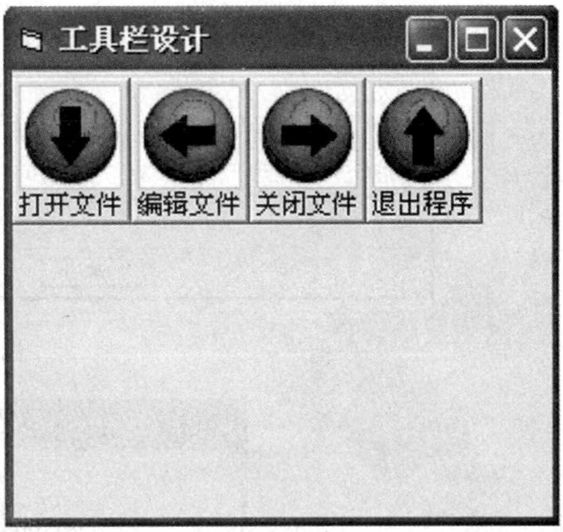

图 2.36

实验目的:

(1)掌握 Imagelist 控件的使用;

(2)掌握 Toolbar 控件的使用;

(3)掌握添加工具条事件响应。

编程步骤详解:

(1)在 Windows【开始】菜单中点击“Microsoft Visual Basic 6.0”应用程序,会弹出对话框如图 2.37 所示,选择“Standard EXE”项,然后单击“打开”按钮,这样就建立了一个新的工程。

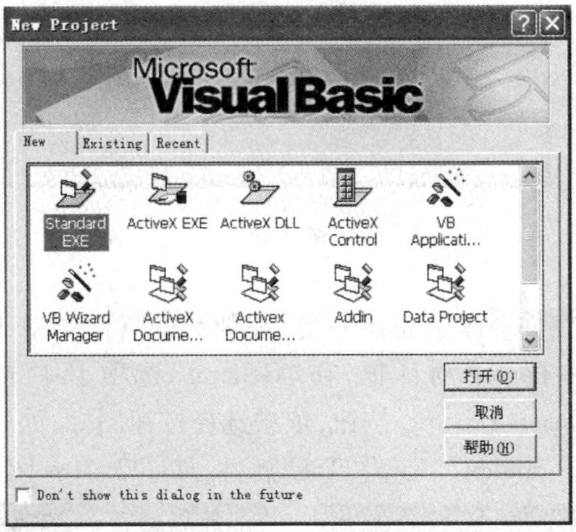

图 2.37

(2)点击菜单栏中的【Project】|【Components】命令,会弹出【Components】组件对话框,在列表框中选择组件“Microsoft Windows Common Control 6.0”后,单击确定,这样“Microsoft Windows Common Control 6.0”控件组就添加到了工具栏中,如图2.38所示。

(3)向窗体“Form1”上添加“ImageList”控件、“Toolbar”控件,窗体布局类似图 2.39 所示。

(4)选择窗体“Form1”,在窗体的属性栏中设置窗体的属性如下:窗体“Form1”的 Caption 属性设置为“工具栏设计”。

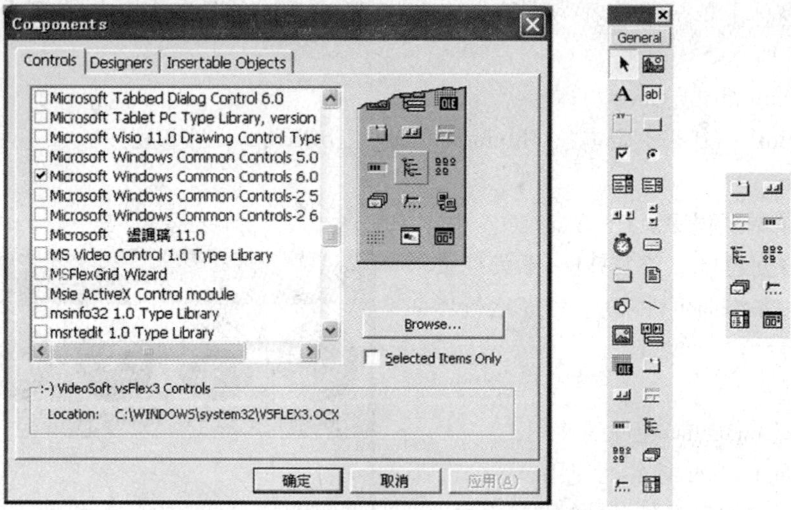

图 2.38

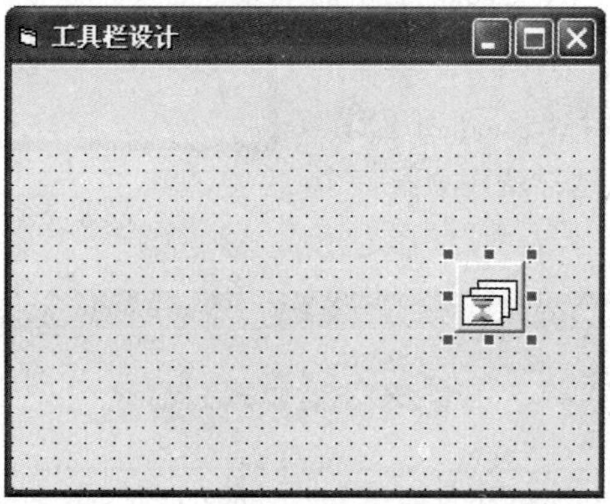

图 2.39

(5)在"ImageList1"控件对象上单击右键,在弹出的右键菜单中选择属性"Properties",会弹出属性页"Properties Pages"对话框,在"General"选项卡中选择,如图 2.40 所示,在"Image"选项卡中单击"Insert Picture"按钮,依次选择按钮图标,如图 2.41 所示。

为每个按钮图标设置"Index""Key""Tag"属性,如图 2.41 ~ 图 2.44 所示。

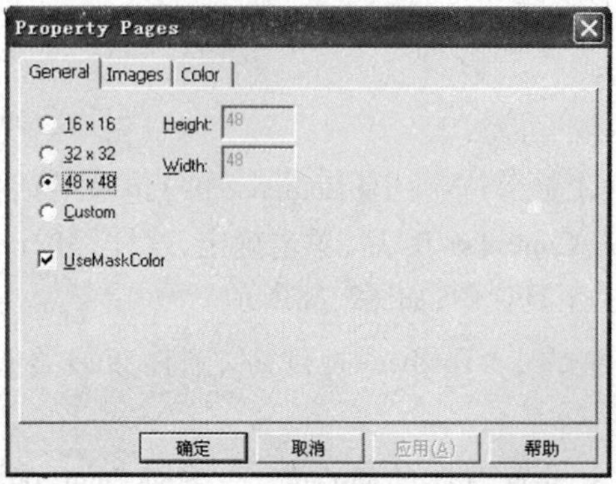

图 2.40

图 2.41

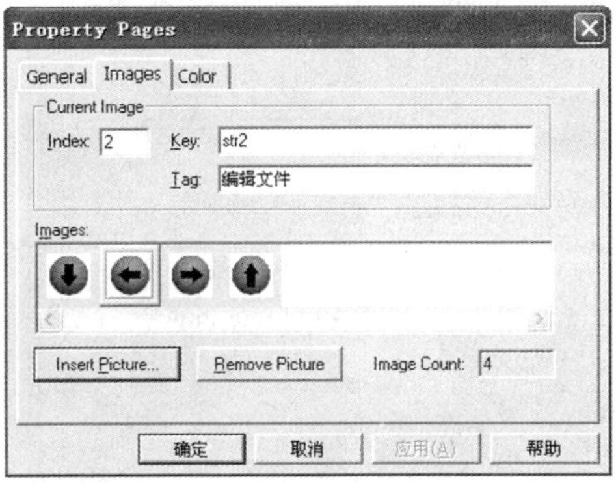

图 2.42

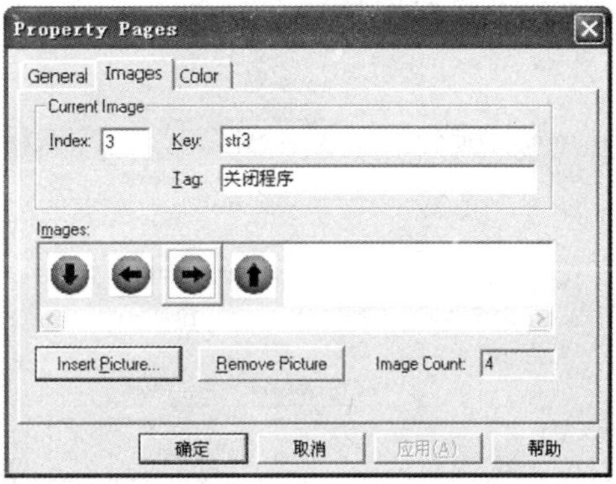

图 2.43

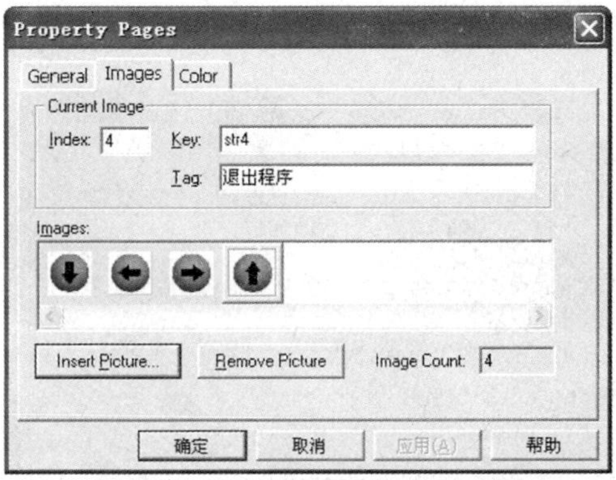

图 2.44

(6)在控件对象"Toolbar1"上单击右键,在弹出的右键菜单中选择属性"Properties",会弹出属性页"Properties Pages"对话框,在"General"选项卡中选择属性"ImageList"为"ImageList1",如图 2.45 所示。在"Buttons"选项卡中单击"InsertButton"设置参数如图 2.46 ~ 图 2.49所示。

图 2.45

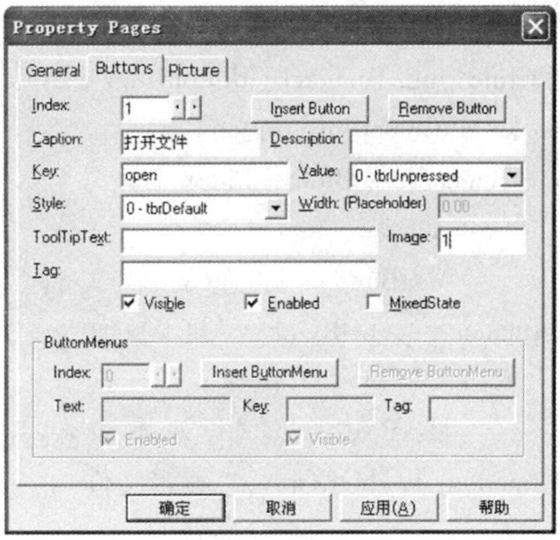

图 2.46

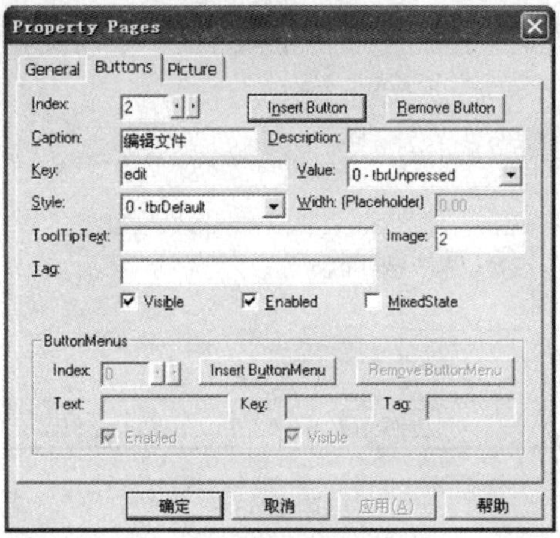

图 2.47

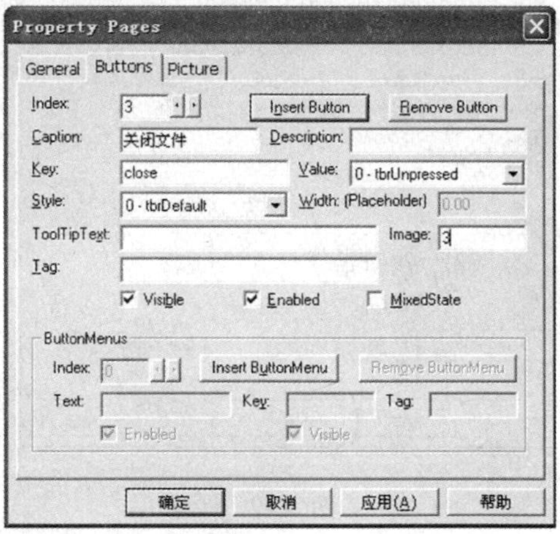

图 2.48

图 2.49

(7)在窗体"Form1"上双击"Toolbar1"控件对象,如图 2.50 所示,添加代码如下:

```
Private Sub Toolbar1_ButtonClick(ByVal Button As MSComctlLib.Button)
    Select Case Button.Index
    Case 1
        MsgBox "打开文本文件", vbInformation + vbOKOnly, "打开文件"
    Case 2
        MsgBox "编辑文本文件", vbInformation + vbOKOnly, "编辑文件"
    Case 3
        MsgBox "关闭文本文件",
```

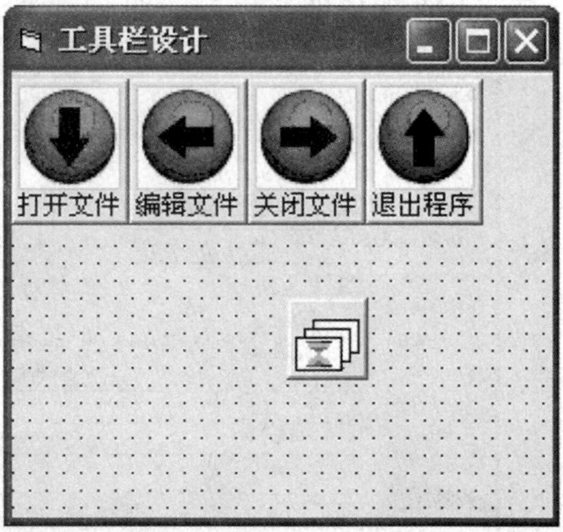

图 2.50

```
vbInformation + vbOKOnly, "关闭文件"
        Case 4
          MsgBox "退出 VB 程序", vbInformation + vbOKOnly, "退出程序"
        End Select
    End Sub
```

(8)编译及调试程序。

实验三:使用通用对话框打开并显示图形文件,界面如图2.51所示。

图2.51

实验目的:

(1)掌握通用对话框控件的使用;

(2)掌握图像控件的使用。

编程步骤详解:

(1)在Windows【开始】菜单中点击"Microsoft Visual Basic 6.0"应用程序,会弹出对话框如图2.52所示,选择"Standard EXE"项,然后单击"打开"按钮,这样就建立了一个新的工程。

图2.52

(2)点击菜单栏中的【Project】|【Components】命令,会弹出【Components】组件对话框,在列表框中选择组件 Microsoft Common Dialog Control 6.0 后,单击确定,这样 CommonDialog 控件就添加到了工具栏中,如图 2.53 所示。

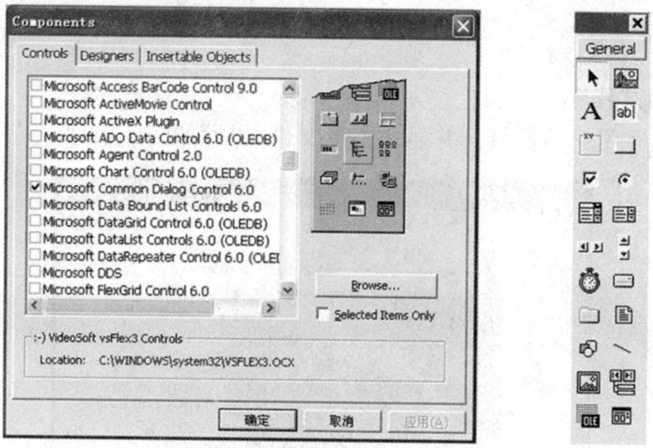

图 2.53

(3)选择窗体"Form1",在窗体的属性栏中设置窗体的属性如下:窗体"Form1"的 Caption 属性设置为"通用对话框使用"。

(4)打开窗体"Form1",添加"Frame"控件、"CommandButton"按钮控件和"PictureBox"控件到窗体,窗体布局如图 2.54 所示,窗体中各控件参数如表 2.8 所示。

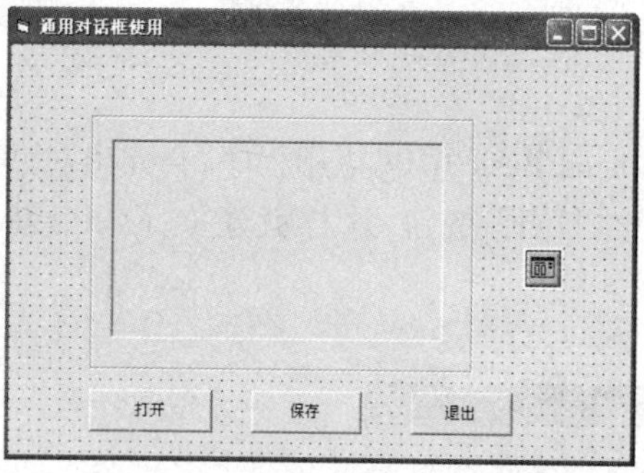

图 2.54

表 2.8

控件名称	属性名称	属性值
Form1	Caption	通用对话框使用
Frame1	Caption	空
Command1	Caption	打开
Command2	Caption	保存
Command3	Caption	退出

(5)双击窗体"Form1"上"打开"按钮,添加按钮的单击事件响应,代码如下:

```
Private Sub Command1_Click()
    '单击显示图片按钮
    With CommonDialog1
      .InitDir = "C:"
      .Filter = "BMP 文件(*.bmp)|*.bmp|GIF 文件(*.gif)|*.gif|JPG 文件(*.jpg)|*.jpg"
      .Action = 1
      Frame1.Caption = .FileName                '显示文件名
```

```
        Picture1.Picture = LoadPicture(.FileName)   '装载图片框的图形文件
    End With
End Sub
```

(6)双击窗体"Form1"上"保存"按钮,添加按钮的单击事件响应,代码如下:

```
Private Sub Command2_Click()
    '单击另存文件按钮
    With CommonDialog1
        .InitDir = "C:"
        .Filter = "BMP 文件(*.bmp)|*.bmp|GIF 文件(*.gif)|*.gif|JPG 文件(*.jpg)|*.jpg"
        .DefaultExt = "jpg"
        .Action = 2
        SavePicture Picture1.Picture, .FileName
    End With
End Sub
```

(7)双击窗体"Form1"上"退出"按钮,添加按钮的单击事件响应,代码如下:

```
Private Sub Command3_Click()
    '单击退出按钮
    End
End Sub
```

(8)编译及调试程序。

第五次实验　函数、过程及文件

实验一:设计求取最大公约数的函数,建立界面调用该函数并显示结果,界面运行如图 2.55 所示。

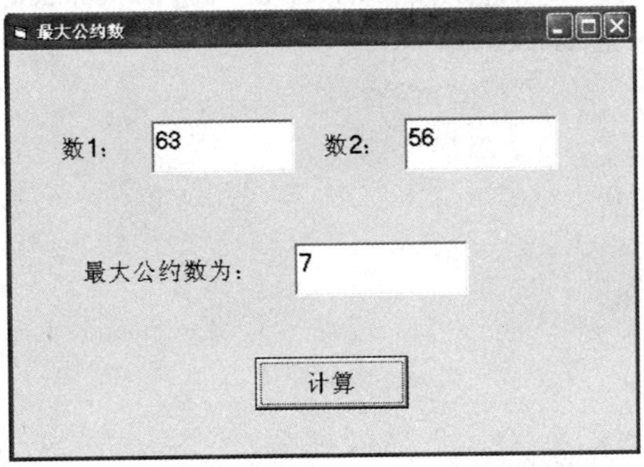

图 2.55

实验目的:

(1)掌握建立 VB 函数的方法;

(2)掌握 VB 函数调用的方法。

编程步骤详解:

(1)在 Windows【开始】菜单中点击“Microsoft Visual Basic 6.0”应用程序,会弹出对话框如图 2.56 所示,选择“Standard EXE”项,然后单击“打开”按钮,这样就建立了一个新的工程。

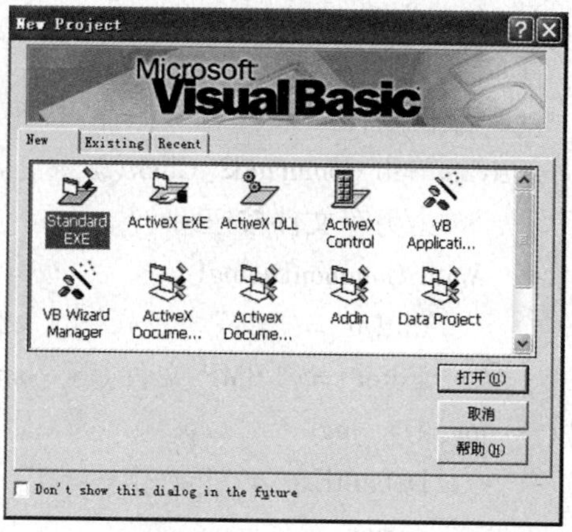

图 2.56

(2)选择窗体“Form1”,在窗体的属性栏中设置窗体的属性如下:窗体“Form1”的 Caption 属性设置为“最大公约数” 。

(3)打开窗体“Form1”添加“Label” A 控件、“TextBox” abl 控件和“CommandButton” 控件到窗体,窗体布局如图 2.57 所示。窗体中各控件参数如表 2.9 所示。

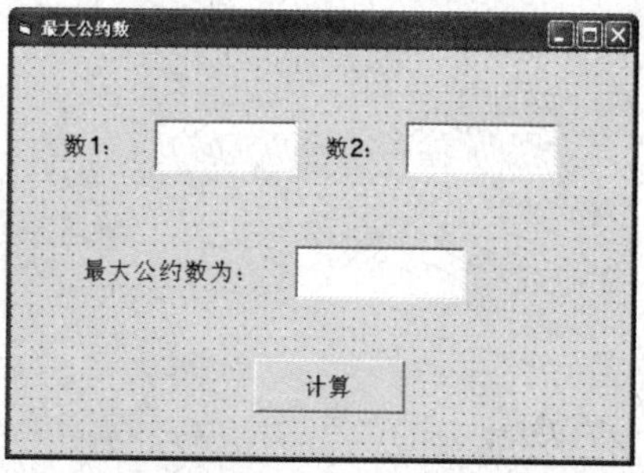

图 2.57

表 2.9

控件名称	属性名称	属性值
Label1	Caption	数 1:
Label2	Caption	数 2:
Label3	Caption	最大公约数为:
Text1	Text	清空
Text2	Text	清空
Text3	Text	清空
Command1	Caption	计算

(4)在窗体“Form1”代码区中,添加求取最大公约数函数 Divisor,代码如下:

```
Private Function Divisor(ByVal x As Integer, ByVal y As Integer) As Integer
    '求最大公约数子函数
    Dim r As Integer
    r = x Mod y
    Do While r <> 0
      x = y
      y = r
      r = x Mod y
    Loop
    Divisor = y
End Function
```

(5)双击“计算”按钮,添加单击事件响应代码如下:

```
Private Sub Command1_Click()
```

```
    '单击计算按钮
    Dim Result As Integer
    Dim m As Integer, n As Integer
    m = Val(Text1.Text)
    n = Val(Text2.Text)
    If m <> 0 And n <> 0 Then
      Result = Divisor(m, n)
      Text3.Text = Result
    End If
End Sub
```

(6)编译及调试程序。

实验二：设计函数求取 *N* 的阶乘，在窗体界面中显示，程序运行界面如图 2.59 所示。

实验目的：

(1)掌握函数递归调用的方法；

(2)了解递归调用的流程。

编程步骤详解：

(1)在 Windows【开始】菜单中点击"Microsoft Visual Basic 6.0"应用程序，会弹出对话框如图 2.58 所示，选择"Standard EXE"项，然后单击"打开"按钮，这样就建立了一个新的工程。

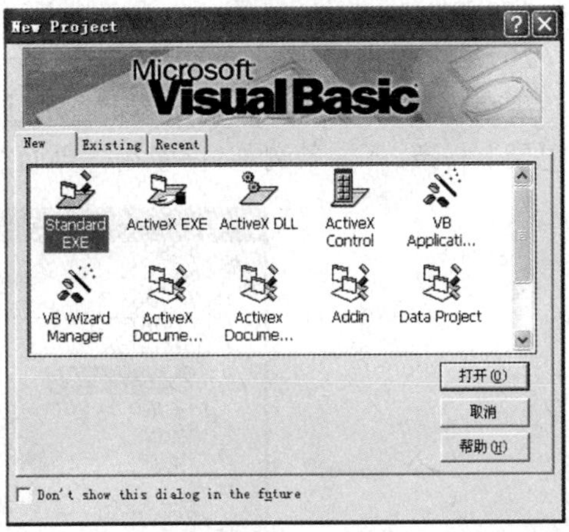

图 2.58

(2)选择窗体"Form1"，在窗体的属性栏中设置窗体的属性如下：窗体"Form1"的 Caption 属性设置为"求 N 的阶乘"。

(3)打开窗体"Form1"添加"Label" A 控件、"TextBox" ab| 控件和"CommandButton" 控件到窗体，窗体布局如图 2.59 所示。窗体中各控件参数如表 2.10 所示。

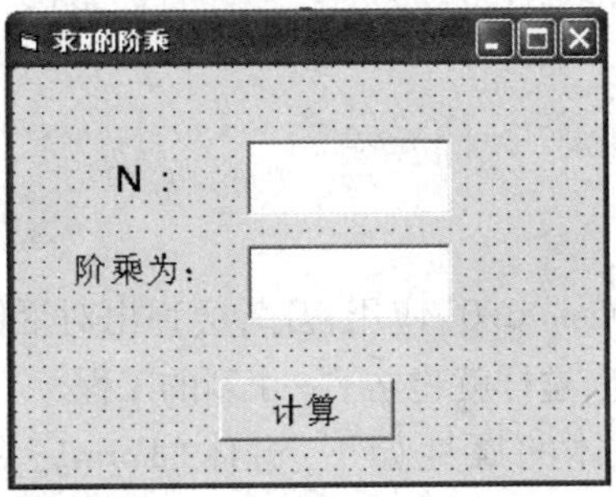

图 2.59

表 2.10

控件名称	属性名称	属性值
Label1	Caption	N :
Label2	Caption	阶乘为:
Text1	Text	清空
Text2	Text	清空
Command1	Caption	计算

(4)在窗体"Form1"代码区中，添加求取最大公约数函数 Fun，代码如下：

```
Private Function Fun(n As Integer) As Integer
    '子函数计算阶乘
```

```
    If n = 0 Or n = 1 Then       '结束条件 n =0 或 n =1
        Fun = 1
    Else
        Fun = Fun(n - 1) * n
    End If
End Function
```

(5)双击“计算”按钮,添加单击事件响应代码如下:

```
Private Sub Command1_Click()
    Dim Sum As Integer, i As Integer
    i = Val(Text1.Text)
    Sum = Fun(i)
    Text2.Text = Sum
End Sub
```

(6)编译及调试程序。

实验三:读取文件信息到窗体上显示,同时可以在窗体上添加记录到文件,并且可以进行记录上一条、下一条浏览,程序运行界面如图 2.60 所示。

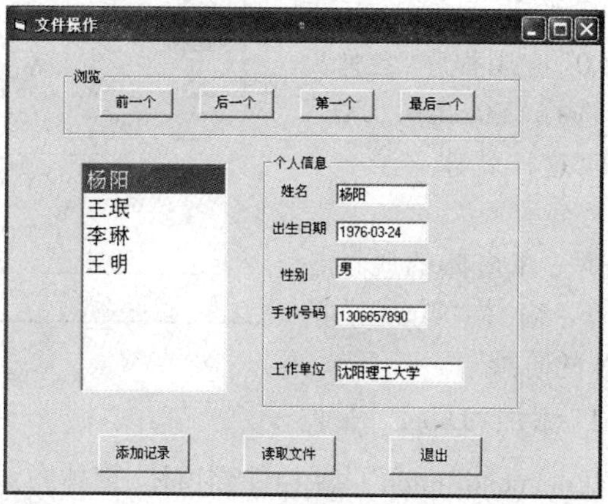

图 2.60

实验目的:

(1)掌握文件的读写操作;

(2)掌握自定义类型的应用。

编程步骤详解:

(1)在 Windows【开始】菜单中点击“Microsoft Visual Basic 6.0”应用程序,会弹出对话框如图 2.61 所示,选择“Standard EXE”项,然后单击“打开”按钮,这样就建立了一个新的工程。

(2)选择窗体“Form1”,在窗体的属性栏中设置窗体的属性如下:窗体“Form1”的 Caption 属性设置为“文件操作”。

(3)打开窗体“Form1”添加“Label”控件、“TextBox”控件、“CommandButton”控件、“Frame”控件、“ListBox”控件到窗体,并建立“TextBox”控件数组,窗体布局如图 2.62 所示。窗体中各控件参数如表 2.11 所示。

图 2.61

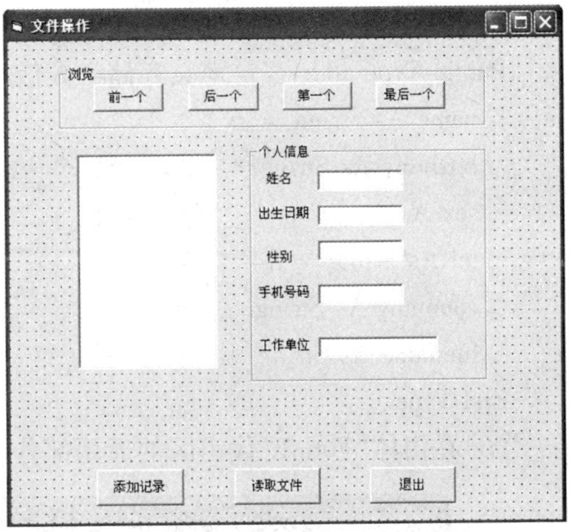

图 2.62

表 2.11

控件名称	属性名称	属性值	控件名称	属性名称	属性值
Label1	Caption	姓名	Command1	Caption	前一个
Label2	Caption	出生日期	Command2	Caption	后一个
Label3	Caption	性别	Command3	Caption	第一个
Label4	Caption	手机号码	Command4	Caption	最后一个
Label5	Caption	工作单位	Command5	Caption	读取文件
Text1(0)	Text	清空	Command6	Caption	退出
Text1(1)	Text	清空	Command7	Caption	添加记录
Text1(2)	Text	清空	Frame2	Caption	浏览
Text1(3)	Text	清空	Frame3	Caption	个人信息
Text1(4)	Text	清空			

(4)点击菜单栏中的【Project】|【Add Module】命令，会弹出【Add Module】对话框，如图2.63所示，选择选项，单击“打开”，添加标准模块“Module1”到“Project”窗口，如图2.64所示。

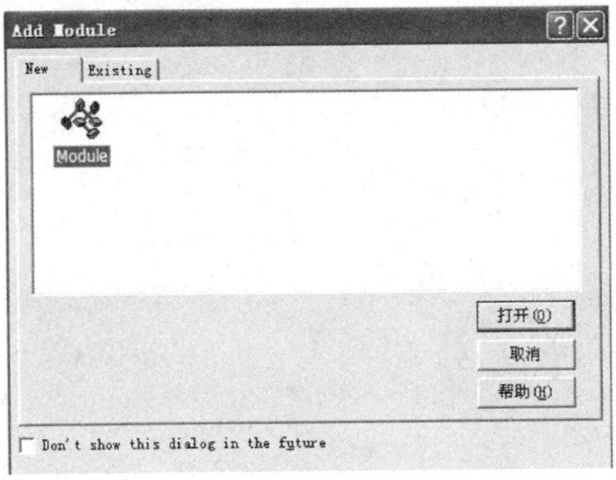

图 2.63

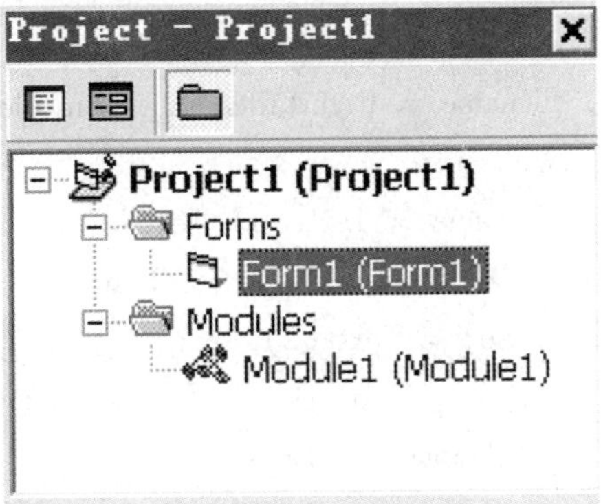

图 2.64

(5)在 Project 窗口双击标准模块“Module1”,进入代码区,添加代码如下:

```
Public Type addr   '自定义存储个人信息类型
  name As String * 6
  birthday As String * 10
  sex As String * 4
  tel As String * 14
  company As String * 14
  filename As String * 80
End Type
```

(6)在窗体“Form1”代码区的通用部分定义模块级变量,如图 2.65 所示,代码如下:

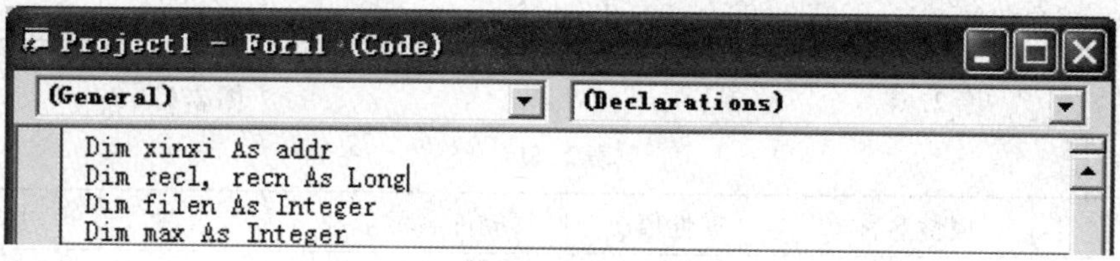
Project1 - Form1 (Code)
(General)
(Declarations)
Dim xinxi As addr
Dim recl, recn As Long
Dim filen As Integer
Dim max As Integer

图 2.65

```
Dim xinxi As addr
Dim recl, recn As Long
Dim filen As Integer
Dim max As Integer
```

(7)双击窗体“Form1”上“添加记录”命令按钮,添加单击事件响应,代码如下:

```
Private Sub Command7_Click( )
  Dim i As Integer
  For i = 0 To 4
    If Text1(i) = "" Then   '验证是否输入完整信息
        MsgBox "数据未输完", "输入数据"
        Exit Sub
    End If
  Next i
  i = InStrRev(filename, " ")
  filename = Right(filename, Len(filename) - i)
  With xinxi
    .name = Text1(0).Text
    .birthday = Text1(1).Text
    .sex = Text1(2).Text
    .tel = Text1(3).Text
    .company = Text1(4).Text
    .filename = filename
  End With
```

```
    filen = FreeFile
    recl = 128              '信息记录字节数
    Open "通讯录.txt" For Random As #filen Len = recl 打开文件
    recn = LOF(filen) / recl + 1
    Put #filen, recn, xinxi   '写入文件
    For i = 0 To 4
      Text1(i) = ""           '清空文本框
    Next i
End Sub
```

(8)双击窗体“Form1”上“读取文件”命令按钮,添加单击事件响应,代码如下:

```
Private Sub Command5_Click()
    Dim i As Integer
    filen = FreeFile
    recl = 128      '存储信息字节数
    Open "通讯录.txt" For Random As #filen Len = recl 打开文件
    max = LOF(filen) / recl   '计算存储信息记录数
    recn = max
    For i = 1 To max
      Get #filen, i, xinxi   '读取信息到自定义类型中
      List1.AddItem xinxi.name   '显示在列表框中
    Next i
End Sub
```

(9)双击窗体“Form1”上“退出”命令按钮,添加单击事件响应,代码如下:

```
Private Sub Command6_Click()
    Close #filen   '关闭文件
    Unload Me      '卸载窗体
End Sub
```

(10)双击窗体“Form1”上“前一个”命令按钮,添加单击事件响应,代码如下:

```
Private Sub Command1_Click()
    recn = recn - 1
    If recn < 1 Then
      recn = max   '重新定位记录位置
    End If
    Get #filen, recn, xinxi   '从文件中读取信息记录到自定义类型中
    Text1(0).Text = xinxi.name   '显示到文本框中
    Text1(1).Text = xinxi.birthday
    Text1(2).Text = xinxi.sex
    Text1(3).Text = xinxi.tel
    Text1(4).Text = xinxi.company
End Sub
```

(11)双击窗体“Form1”上“后一个”命令按钮,添加单击事件响应,代码如下:

```
Private Sub Command2_Click()
    recn = recn + 1
    If recn > max Then
      recn = 1      '重新定位记录位置
    End If
    Get #filen, recn, xinxi   '从文件中读取信息记录到自定义类型中
    Text1(0).Text = xinxi.name   '显示到文本框中
    Text1(1).Text = xinxi.birthday
    Text1(2).Text = xinxi.sex
    Text1(3).Text = xinxi.tel
    Text1(4).Text = xinxi.company
End Sub
```

(12)双击窗体“Form1”上“第一个”命令按钮,添加单击事件响应,代码如下:

```
Private Sub Command3_Click()
    Get #filen, 1, xinxi            '读取第一条记录
    Text1(0).Text = xinxi.name      '显示到文本框中
    Text1(1).Text = xinxi.birthday
    Text1(2).Text = xinxi.sex
    Text1(3).Text = xinxi.tel
    Text1(4).Text = xinxi.company
End Sub
```

(13)双击窗体“Form1”上“最后一个”命令按钮,添加单击事件响应,代码如下:

```
Private Sub Command4_Click()
    Get #filen, max, xinxi          '读取最后一条记录
    Text1(0).Text = xinxi.name      '显示到文本框中
    Text1(1).Text = xinxi.birthday
    Text1(2).Text = xinxi.sex
    Text1(3).Text = xinxi.tel
    Text1(4).Text = xinxi.company
End Sub
```

(14)双击窗体“Form1”上“List1”控件,添加控件对象“List1”的单击事件响应,代码如下:

```
Private Sub List1_Click()
    Dim i As Integer
    Dim a As String * 4
    Dim b As String * 4
    For i = 1 To max          '循环读取记录信息
      Get #filen, i, xinxi
      a = List1.Text
```

```
        b = xinxi.name
        If a = b Then   '读取文件信息与列表框信息比对,如相同则显示全部信息到文本框及图片框
            Text1(0).Text = xinxi.name
            Text1(1).Text = xinxi.birthday
            Text1(2).Text = xinxi.sex
            Text1(3).Text = xinxi.tel
            Text1(4).Text = xinxi.company
            filename = App.Path & "" & xinxi.filename
        End If
    Next i
End Sub
```

(15)编译及调试程序。

第 3 章　Visual Basic 实例

实例 1　电子时钟

＊实例运行效果及功能说明

本实例主要讲解如何利用定时器控件、直线工具控件、三角函数及时间函数实现电子时钟,要求程序运行后,时钟界面可随窗体大小自动变动,运行界面如图 3.1 所示。

图 3.1　电子时钟运行界面

＊学习要点说明

(1)定时器控件应用;

(2)直线工具控件应用;

(3)正弦函数、余弦函数应用;

(4)Now( )时间函数应用;

(5)Hour( )、Minute( )、Second( )时间函数应用;

(6)窗体尺寸改变事件。

＊编程步骤详解

(1)在 Windows【开始】菜单中点击“Microsoft Visual Basic 6.0”应用程序,会弹出对话框如图 3.2 所示,选择“Standard EXE”项,然后单击“打开”按钮,这样就建立了一个新的工程,如图 3.3 和图 3.4 所示。

图 3.2

(2)选择窗体“Form1”,在窗体的属性栏中设置窗体的属性如下:窗体“Form1”的 Caption 属性设置为“电子时钟”;BackColor 属性通过下拉栏中的 Palette 选项卡选择为“白色”;BorderStyle 属性选择为“2 - Sizeble”。

(3)在通用工具栏中分别选择定时器控件及直线工具控件,添加到窗体中,窗体界面如图 3.5 所示。设置控件对象“Line1”为控件数组,即设置其“Index”属性值为“0”。设置定时器控件对象“Timer1”的“Interval”属性值为“50”。

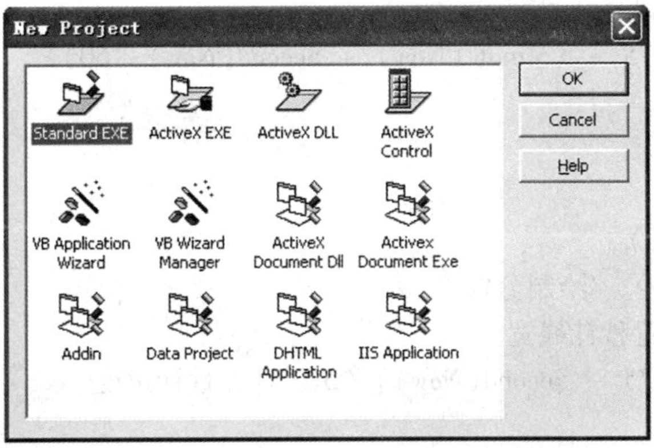

图 3.3

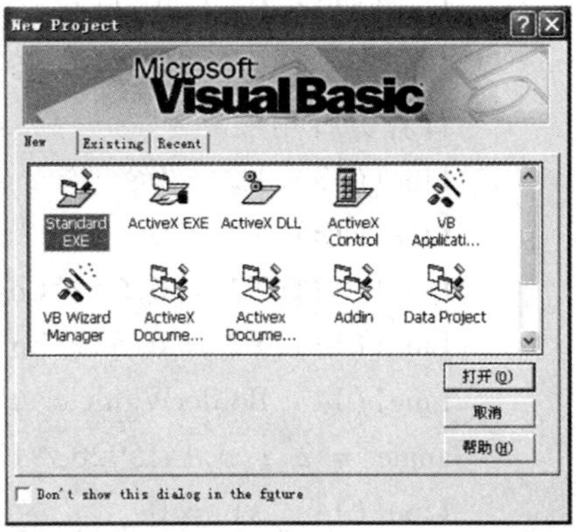

图 3.4

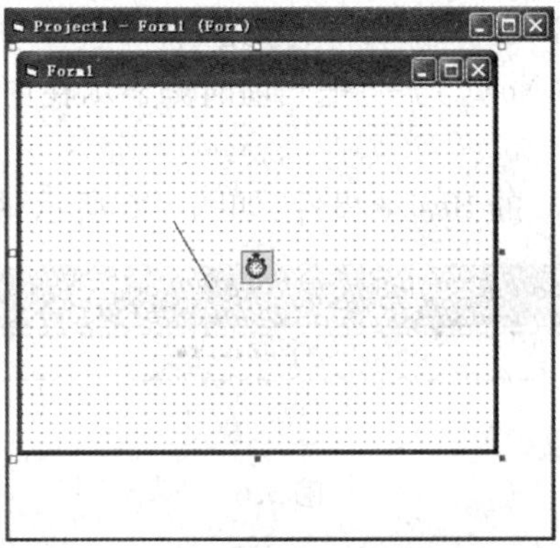

图 3.5

(4)双击窗体【Form1】,添加窗体加载事件代码如下:

```
Private Sub Form_Load( )
    For i = 1 To 14
      Load Line1(i)
'设置 15 个元素的控件数组,分别代表 12 个小时的刻度线及秒、分、小时指针
      Line1(i).Visible = True
    Next i
End Sub
```

(5)双击窗体上的【定时器】控件,添加代码如下:

```
Private Sub Timer1_Timer( )
    Dim angel As Single
    angle = 2 * 3.1415926 / 12 * (15 - (Hour(Now) + Minute(Now) / 60))
'计算小时针角度
    Line1(12).BorderWidth = 4 '设置小时针线宽
    Line1(12).X1 = 0
    Line1(12).Y1 = 0
    Line1(12).X2 = 0.4 * Cos(angle)
    Line1(12).Y2 = 0.4 * Sin(angle)   '绘制小时针
```

```
    Line1(13).BorderWidth = 2  '设置分针线宽
    angle = 2 * 3.1415926 / 60 * (75 - (Minute(Now) + Second(Now) / 60))
    '计算分针角度
    Line1(13).X1 = 0
    Line1(13).Y1 = 0
    Line1(13).X2 = 0.6 * Cos(angle)
    Line1(13).Y2 = 0.6 * Sin(angle)   '绘制分针
    Line1(14).BorderWidth = 1  '设置秒针线宽
    angle = 2 * 3.1415926 / 12 * (75 - Second(Now)) / 5   '计算秒针角度
    Line1(14).X1 = 0
    Line1(14).Y1 = 0
    Line1(14).X2 = 0.8 * Cos(angle)
    Line1(14).Y2 = 0.8 * Sin(angle)   '绘制秒针
    Form1.Caption = Str(Now())  '把当前时刻显示在窗体上
End Sub
```

(6)在代码区中选择 Form 的 Resize 事件,如图 3.6 所示,添加代码如下:

图 3.6

```
Private Sub Form_Resize()
    Dim angle, i
    Scale (-1, 1)-(1, -1)  '设置窗体比例
    For i = 0 To 11
       Line1(i).BorderColor = RGB(255, 0, 0)  '设置画线颜色为红色
       angle = i * 30 * 3.1415926 / 180  '计算时刻线角度值
       Line1(i).X1 = 0.9 * Cos(angle)
       Line1(i).Y1 = 0.9 * Sin(angle)
       Line1(i).X2 = Cos(angle)
       Line1(i).Y2 = Sin(angle)   '绘制时刻线
    Next i
End Sub
```

(7)运行调试程序。

实例 2　绘制机械零件图

＊实例运行效果及功能说明

本实例主要讲解如何使用菜单,如何建立多窗体,在多窗体间如何传递数据,及常用绘图指令介绍,运行界面如图 3.7 和图 3.8 所示。

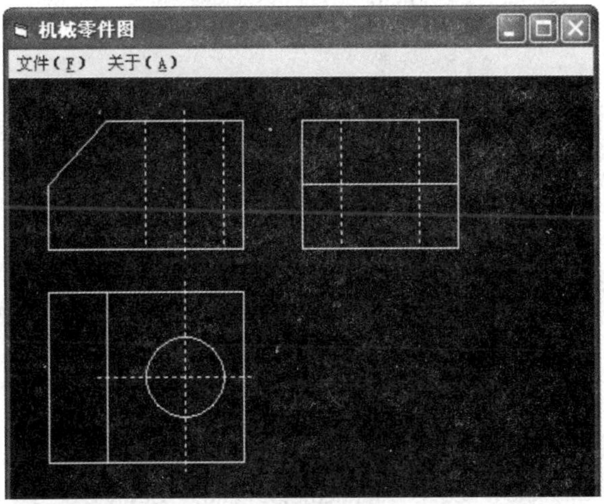

图 3.7

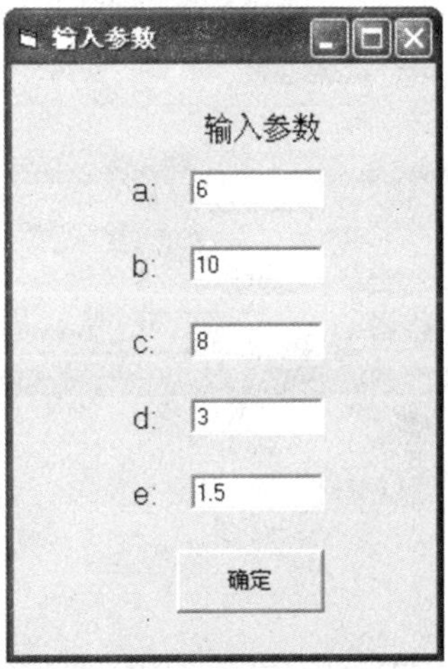

图 3.8

* **学习要点说明**

(1)多窗体的应用;

(2)窗体间数据传递的应用;

(3)菜单的应用;

(4)常用绘图函数的应用;

(5)窗体尺寸改变事件。

* **编程步骤详解**

(1)在 Windows【开始】菜单中点击"Microsoft Visual Basic 6.0"应用程序,会弹出对话框如图 3.9 所示,选择"Standard EXE"项,然后单击"打开"按钮,这样就建立了一个新的工程。

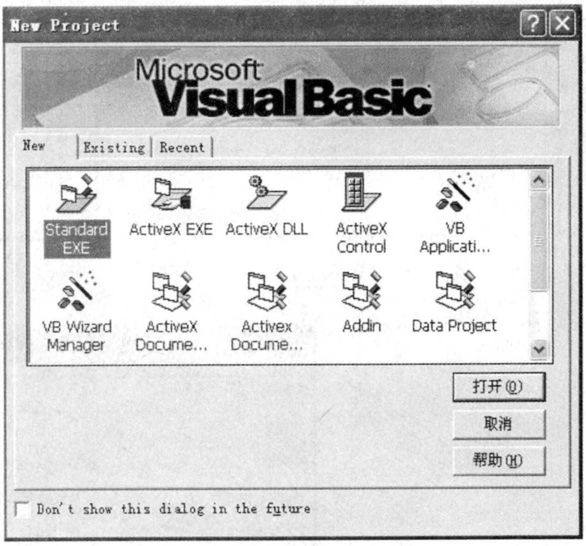

图 3.9

(2)选择窗体,在窗体的属性栏中设置窗体的属性如下:窗体"Form1"的 Caption 属性设置为"机械零件图"。

(3)点击菜单栏中的【Tools】|【Menu Editor】命令,会弹出【Menu Editor】对话框,建立一级子菜单"Caption"值为"文件","Name"值为"file",如图 3.10 所示;之后单击"Next"建立新菜单命令,同时单击 ➜ 按钮使新建菜单命令为二级子菜单命令,二级菜单"Caption"值为"输入参数","Name"值为"input",快捷方式"Shortcut"值为"Ctrl + I",如图 3.11 所示;接着建立二级子菜单命令为"绘图"、"退出",如图 3.12 和图 3.13 所示;再建立一级子菜单"Caption"值为"关于","Name"值为"about",如图 3.14 所示。

图 3.10

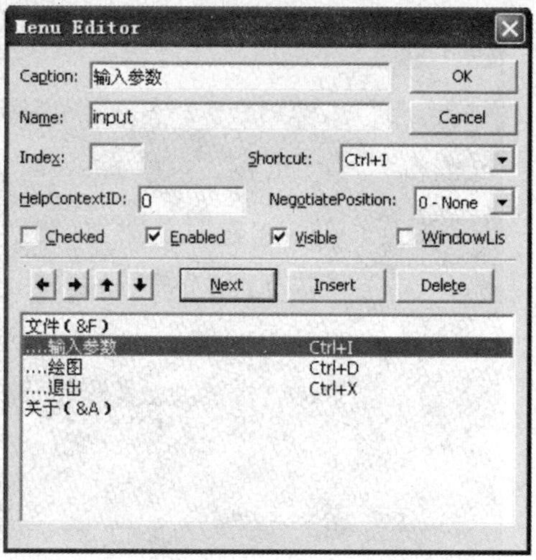

图 3.11

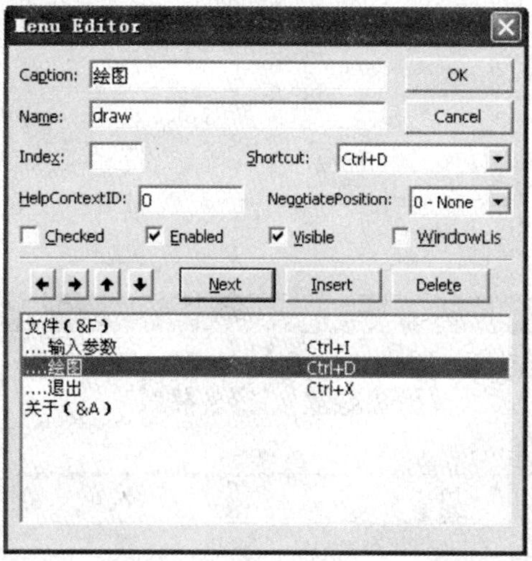

图 3.12

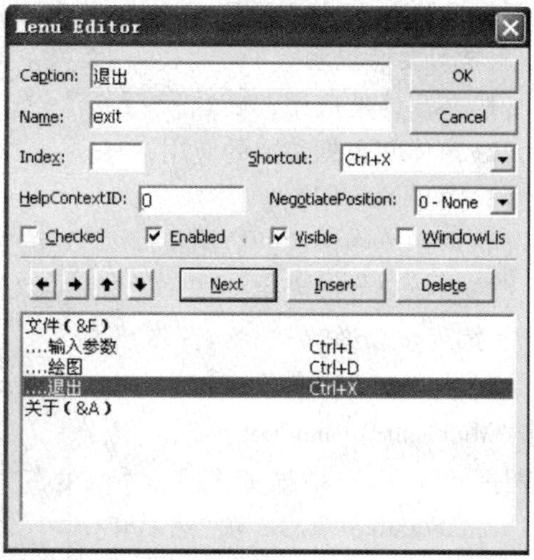

图 3.13

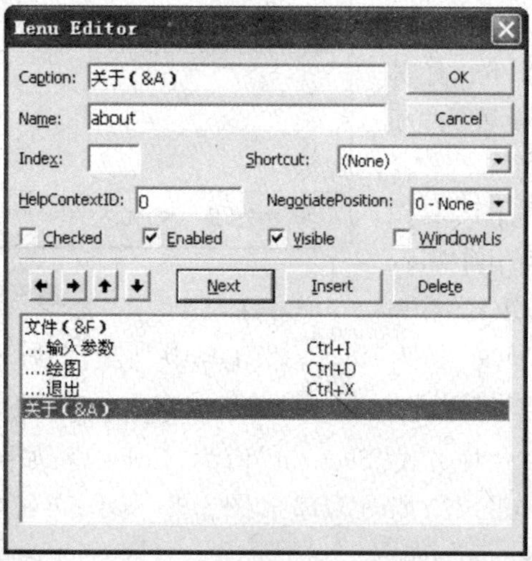

图 3.14

(4)点击菜单栏中的【Project】|【Add Form】命令,会弹出【Add Form】对话框,如图 3.15 所示,选择选项,单击“打开”,添加窗体“Form2”到“Project”窗口,如图 3.16 所示。

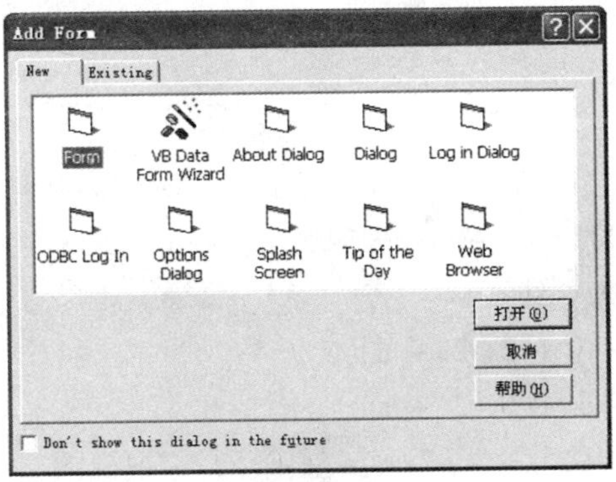

图 3.15

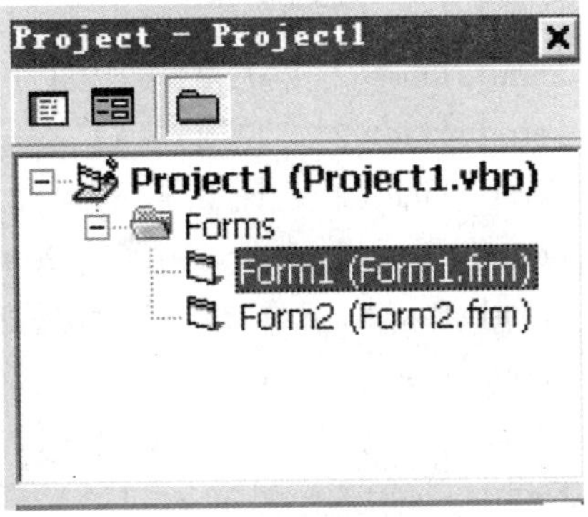

图 3.16

(5)打开窗体“Form2”添加“Label”控件、“TextBox”控件和“CommandButton”控件到窗体,窗体布局如图 3.17 所示。窗体中各控件参数如表 3.1 所示。

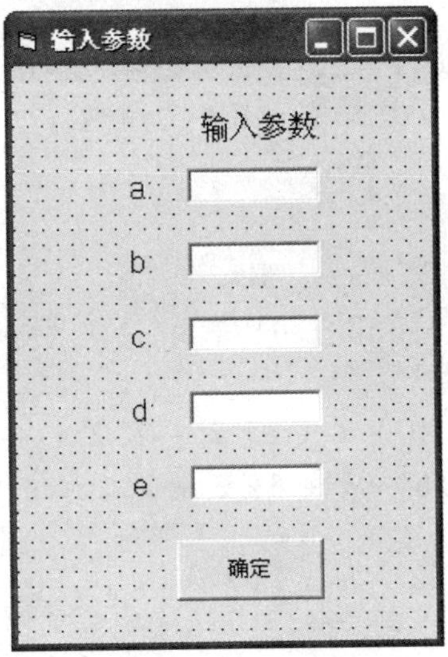

图 3.17

表 3.1

控件名称	属性名称	属性值
Label1	Caption	输入参数
Label2	Caption	a
Label3	Caption	b
Label4	Caption	c
Label5	Caption	d
Label6	Caption	e
Text1	Text	清空
Text2	Text	清空
Text3	Text	清空
Text4	Text	清空
Text5	Text	清空
Command1	Caption	确定

(6)在窗体 1 代码最上部定义全局变量,代码如下:

```
Public a, b, c, d, e As Single
    Public flag As Integer
```

(7)单击窗体上菜单命令“输入参数”,添加代码如下:

```
Private Sub input_Click( )
    Form2. Show    '调用显示窗体 2
End Sub
```

(8)单击窗体上菜单命令“绘图”,添加代码如下:

```
Private Sub draw_Click( )
```

```
        Form1.BackColor = RGB(0, 0, 0)  '窗体背景设为黑色
        Form1.ForeColor = RGB(255, 255, 255)  '窗体前景设为白色
        Form1.Scale (0, 0)-(30, 20)        '设定窗体比例
        Form1.Line (2, 2 + a - d)-(2 + d, 2)
        Form1.Line (2 + d, 2)-(2 + b, 2)
        Form1.Line (2 + b, 2)-(2 + b, 2 + a)
        Form1.Line (2 + b, 2 + a)-(2, 2 + a)
        Form1.Line (2, 2 + a)-(2, 2 + d)
        Form1.DrawStyle = 2     '设定线型为点线
        Form1.Line (2 + d + 2, 2)-(2 + d + 2, 2 + a)
        Form1.Line (2 + d + 6, 2)-(2 + d + 6, 2 + a)
        Form1.Line (2 + d + 4, 1.5)-(2 + d + 4, 2 + a + 0.5)  '主视图
        Form1.DrawStyle = 0  '设定线型为实线
        Form1.Line (2, 2 + a + 2)-(2 + b, 2 + a + 2 + c), , B
        Form1.Line (2 + d, 2 + a + 2)-(2 + d, 2 + a + 2 + c)
        Form1.Circle (2 + d + 4, 2 + a + 2 + c / 2), 2
        Form1.DrawStyle = 2
        Form1.Line (2 + d + 4, 2 + a + 1.5)-(2 + d + 4, 2 + a + 2 + c + 0.5)
        Form1.Line (2 + d - 0.5, 2 + a + 2 + c / 2)-(2 + b + 0.5, 2 + a + 2 +
c / 2)  '俯视图
        Form1.DrawStyle = 0  '设定线型为实线
        Form1.Line (2 + b + 3, 2)-(2 + b + 3 + c, 2 + a), , B
        Form1.Line (2 + b + 3, 2 + d)-(2 + b + 3 + c, 2 + d)
        Form1.DrawStyle = 2
        Form1.Line (2 + b + 3 + c / 2 - 2, 2)-(2 + b + 3 + c / 2 - 2, 2 + a)
        Form1.Line (2 + b + 3 + c / 2 + 2, 2)-(2 + b + 3 + c / 2 + 2, 2 + a)
'左视图
        Form1.DrawStyle = 0  '设定线型为实线
    End Sub
```

(9)单击窗体上菜单命令“退出”,添加退出响应事件代码如下:

```
    Private Sub exit_Click()
        Unload Me
    End Sub
```

(10)双击窗体【Form1】,添加窗体加载事件代码如下:

```
    Private Sub Form_Load()
        Form2.Text1.Text = 6  '设定绘图初始值
        Form2.Text2.Text = 10
        Form2.Text3.Text = 8
        Form2.Text4.Text = 3
        Form2.Text5.Text = 1.5
```

```
    flag = 0
End Sub
```

(11)在代码区中选择 Form 的 Resize 事件,如下图 3.18 所示,添加代码如下:

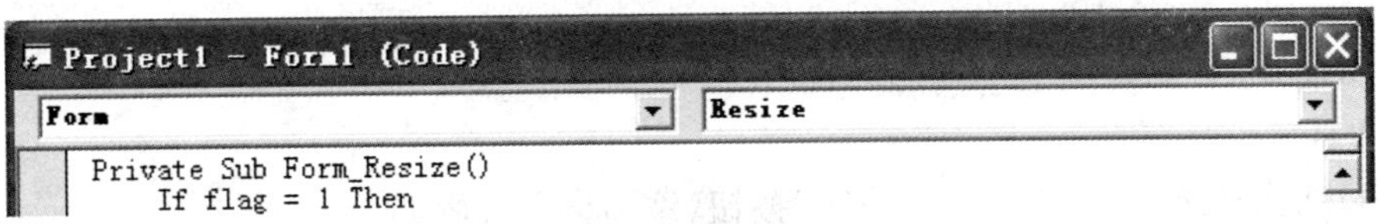
Project1 - Form1 (Code)
Form
Resize
Private Sub Form_Resize()
If flag = 1 Then

图 3.18

```
Private Sub Form_Resize( )
    If flag = 1 Then
        Form1.Cls  '清屏
        Form1.BackColor = RGB(0, 0, 0)      '窗体背景设为黑色
        Form1.ForeColor = RGB(255, 255, 255)  '窗体前景设为白色
        Form1.Scale (0, 0) - (30, 20)        '设定窗体比例
        Form1.Line (2, 2 + a - d) - (2 + d, 2)
        Form1.Line (2 + d, 2) - (2 + b, 2)
        Form1.Line (2 + b, 2) - (2 + b, 2 + a)
        Form1.Line (2 + b, 2 + a) - (2, 2 + a)
        Form1.Line (2, 2 + a) - (2, 2 + d)
        Form1.DrawStyle = 2                  '设定线型为点线
        Form1.Line (2 + d + 2, 2) - (2 + d + 2, 2 + a)
        Form1.Line (2 + d + 6, 2) - (2 + d + 6, 2 + a)
        Form1.Line (2 + d + 4, 1.5) - (2 + d + 4, 2 + a + 0.5)  '主视图
        Form1.DrawStyle = 0                  '设定线型为实线
        Form1.Line (2, 2 + a + 2) - (2 + b, 2 + a + 2 + c), , B
        Form1.Line (2 + d, 2 + a + 2) - (2 + d, 2 + a + 2 + c)
        Form1.Circle (2 + d + 4, 2 + a + 2 + c / 2), 2
        Form1.DrawStyle = 2
        Form1.Line (2 + d + 4, 2 + a + 1.5) - (2 + d + 4, 2 + a + 2 + c + 0.5)
        Form1.Line (2 + d - 0.5, 2 + a + 2 + c / 2) - (2 + b + 0.5, 2 + a + 2 + c / 2)  '俯视图
        Form1.DrawStyle = 0                  '设定线型为实线
        Form1.Line (2 + b + 3, 2) - (2 + b + 3 + c, 2 + a), , B
        Form1.Line (2 + b + 3, 2 + d) - (2 + b + 3 + c, 2 + d)
        Form1.DrawStyle = 2
        Form1.Line (2 + b + 3 + c / 2 - 2, 2) - (2 + b + 3 + c / 2 - 2, 2 + a)
        Form1.Line (2 + b + 3 + c / 2 + 2, 2) - (2 + b + 3 + c / 2 + 2, 2 + a)  '左视图
        Form1.DrawStyle = 0                  '设定线型为实线
    Else
```

```
End If
End Sub
```

(12)单击窗体“Form1”菜单命令“关于”,添加事件代码如下:

```
Private Sub about_Click()
    MsgBox ("1.0 版本")   '弹出消息框
End Sub
```

(13)双击窗体“Form2”上的“确定”按钮,添加事件代码如下:

```
Private Sub Command1_Click()
    Form1.a = Form2.Text1.Text    '传递数据给窗体 1
    Form1.b = Form2.Text2.Text
    Form1.c = Form2.Text3.Text
    Form1.d = Form2.Text4.Text
    Form1.e = Form2.Text5.Text
    Form1.flag = 1
    Form1.Show                    '调用窗体 1 绘图
    Unload Me
End Sub
```

(14)编译调试程序。

实例 3　文本阅读器

＊实例运行效果及功能说明

本实例主要讲解如何利用 RichTexBox 控件、定时器控件、通用对话框 CommonDialog 控件实现文本阅读功能,要求程序运行后,阅读器界面可随窗体大小自动变动,并且通过复选按钮实现文本自动滚屏,运行界面如图 3.19所示。

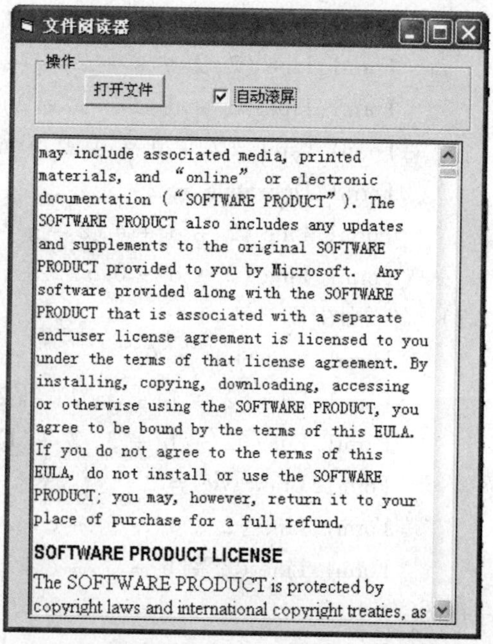

文件阅读器
操作
打开文件
自动滚屏
may include associated media, printed materials, and “online” or electronic documentation (“SOFTWARE PRODUCT”). The SOFTWARE PRODUCT also includes any updates and supplements to the original SOFTWARE PRODUCT provided to you by Microsoft. Any software provided along with the SOFTWARE PRODUCT that is associated with a separate end-user license agreement is licensed to you under the terms of that license agreement. By installing, copying, downloading, accessing or otherwise using the SOFTWARE PRODUCT, you agree to be bound by the terms of this EULA. If you do not agree to the terms of this EULA, do not install or use the SOFTWARE PRODUCT; you may, however, return it to your place of purchase for a full refund.
SOFTWARE PRODUCT LICENSE
The SOFTWARE PRODUCT is protected by copyright laws and international copyright treaties, as

图 3.19　文本阅读器界面

＊学习要点说明

(1)RichTexBox 控件的应用;

(2)定时器控件的应用;

(3)通用对话框 CommonDialog 控件的应用;

(4)窗体尺寸改变事件;

(5)屏幕自动滚动的应用。

＊编程步骤详解

(1)在 Windows【开始】菜单中点击“Microsoft Visual Basic 6.0”应用程序,会弹出

对话框如图3.20所示，选择“Standard EXE”项，然后单击“打开”按钮，这样就建立了一个新的工程。

(2)点击菜单栏中的【Project】|【Components】命令，会弹出【Components】组件对话框，在列表框中选择组件 Microsoft Rich TextBox Control 6.0 及组件 Microsoft common dialog control 6.0 后，单击确定，这样 RichTexBox 控件及 CommonDialog 控件就添加到了工具栏中，如图3.21所示。

图3.20

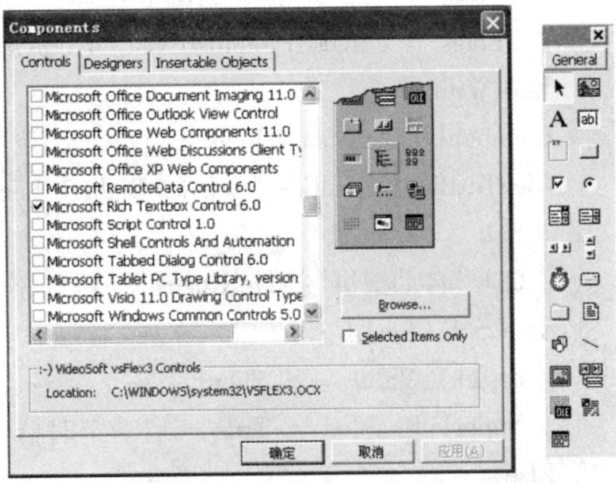

图3.21

(3)选择窗体，在窗体的属性栏中设置窗体的属性如下：窗体“Form1”的 Caption 属性设置为“文件阅读器”；在窗体上添加框架控件“Frame”、按钮控件“CommandButton”、复选框控件“CheckBox”、RichTexBox 控件、定时器控件，窗体布局如图3.22所示，控件属性值设置如表3.2所示。

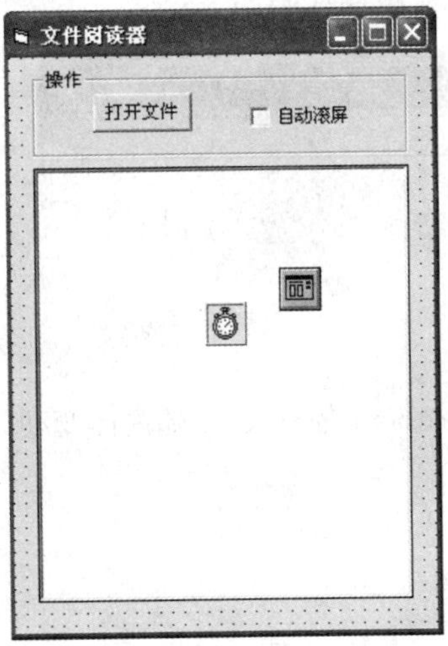

图3.22

表3.2

控件名称	属性名称	属性值
Frame1	Caption	操作
Command1	Caption	打开文件
Check1	Caption	自动滚屏
Timer1	Interval	1000
Timer1	Enable	False
RichTexBox	Scrollbars	3 – rtfBoth

(4)在窗体代码区顶端声明 API 函数，及定义模块级符号常量如下：

Private Declare Function SendMessage Lib "user32" Alias "SendMessageA" (ByVal hwnd

```
As Long, ByVal wMsg As Long, ByVal wParam As Long, lParam As Any) As Long
    Private Const SCROLL = &HB6
```

(5)双击"打开文件"按钮控件"Command1",添加事件响应代码如下:

```
Private Sub Command1_Click()
    RichTextBox1.Text = ""                '清空 RichTextBox1 控件中的内容
    With CommonDialog1
        .Filter = "rtf 文件(*.rtf)|*.rtf"   '设置对话框打开文件类型
        .Flags = cdlOFNFileMustExist Or cdlOFNReadOnly
    End With
    CommonDialog1.ShowOpen                '调用通用对话框
    RichTextBox1.LoadFile (CommonDialog1.FileName) 'RichTextBox1 控件加载选择的文件
End Sub
```

(6)双击"自动滚屏"控件"Check1",添加事件响应代码如下:

```
Private Sub Check1_Click()
    If Check1.Value = 1 Then
        Timer1.Enabled = True   '启动定时器
    Else
        Timer1.Enabled = False  '关闭定时器
    End If
End Sub
```

(7)双击定时器控件"Timer1",添加事件响应代码如下:

```
Private Sub Timer1_Timer()
    SendMessage RichTextBox1.hwnd, SCROLL, 0, ByVal 1   '调用 API 函数自动滚屏
End Sub
```

(8)在代码区中选择 Form 的 Resize 事件,如图 3.23 所示,添加代码如下:

图 3.23

```
Private Sub Form_Resize()
    RichTextBox1.Width = Form1.Width - 600 '重设 RichTextBox1 控件尺寸,随窗体变动
    RichTextBox1.Height = Form1.Height - 1700
    Frame1.Width = Form1.Width - 500
End Sub
```

(9)编译调试程序。

实例4 通信录

＊实例运行效果及功能说明

本实例主要讲解如何进行文件读写、多窗体之间如何调用、列表框"ListBox"控件与"TextBox"控件以及"Image"控件之间如何实现数据同步，进而建立通信录，实现人员信息的存储与查询，程序功能可添加记录并通过列表框查询人员信息，程序运行界面如图3.24和图3.25所示。

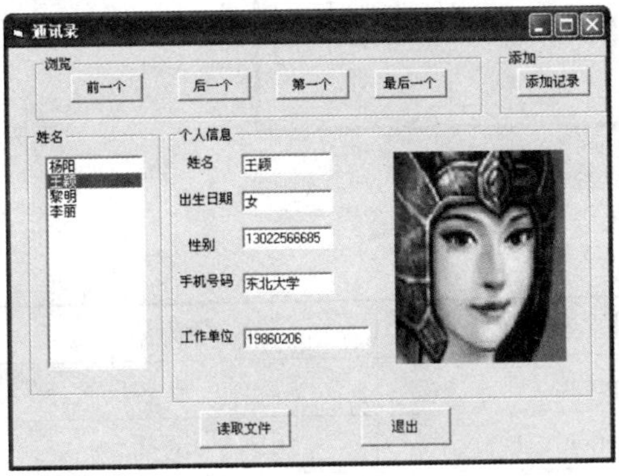

图3.24

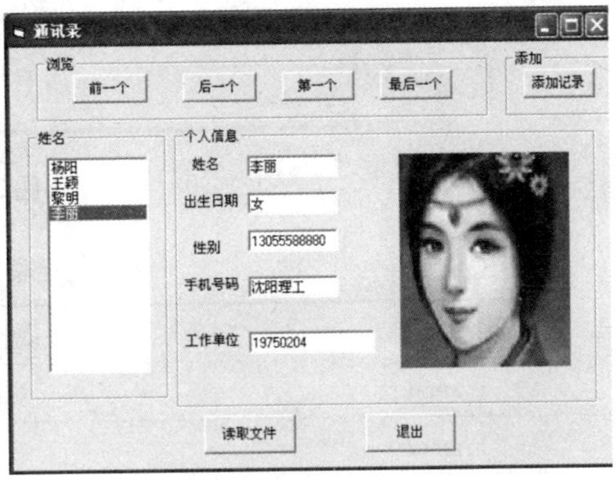

图3.25

＊学习要点说明

(1)文件的读写应用；

(2)通用对话框Commondialog控件的应用；

(3)控件数组的应用；

(4)Image控件的应用；

(5)用户定义类型的应用。

＊编程步骤详解

(1)在Windows【开始】菜单中点击"Microsoft Visual Basic 6.0"应用程序，会弹出对话框如图3.26所示，选择"Standard EXE"项，然后单击"打开"按钮，这样就建立了一个新的工程。

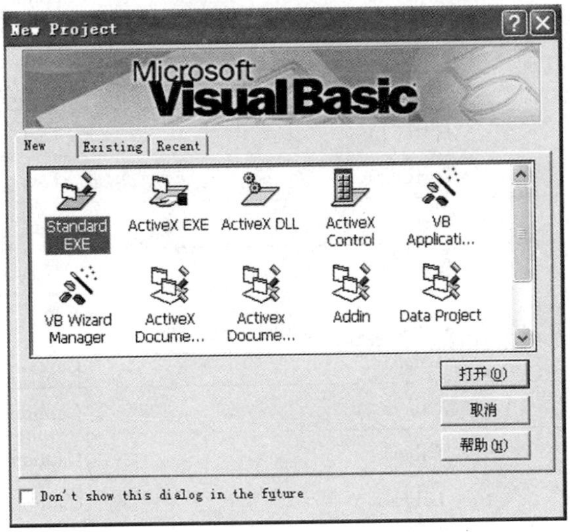

图3.26

(2)选择窗体"Form1"，在窗体的属性栏中设置窗体的属性如下：窗体"Form1"的Caption属性设置为"通信录"；在窗体上添加框架控件"Frame"、按钮控件"CommandButton"、文本框控件"TextBox"、ListBox控件、Image控件，窗体布局如图3.27

所示，控件属性值设置如表3.3所示。

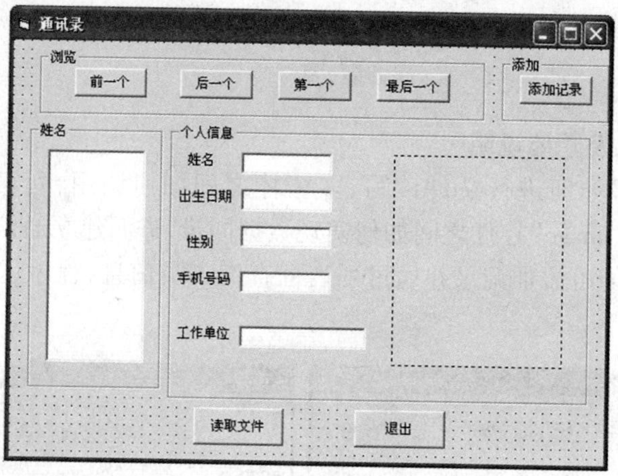

图3.27

表3.3

控件名称	属性名称	属性值
Frame1	Caption	姓名
Frame2	Caption	浏览
Frame3	Caption	个人信息
Frame4	Caption	添加
Command1	Caption	前一个
Command2	Caption	后一个
Command3	Caption	第一个
Command4	Caption	最后一个
Command5	Caption	读取文件
Command6	Caption	退出
Command7	Caption	添加记录
Text1(0)	Text	清空
Text1(1)	Text	清空
Text1(2)	Text	清空
Text1(3)	Text	清空
Text1(4)	Text	清空
List1	List	清空
Label1	Caption	姓名
Label2	Caption	出生日期
Label3	Caption	性别
Label4	Caption	手机号码
Label5	Caption	工作单位

(3)点击菜单栏中的【Project】|【Add Form】命令,会弹出【Add Form】对话框,如图3.28所示,选择 Form 选项,单击"打开",添加窗体"Form2"到"Project"窗口,如图3.29所示。

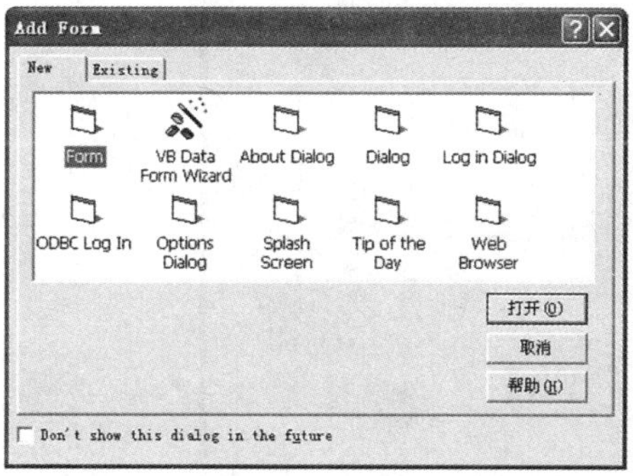

图3.28

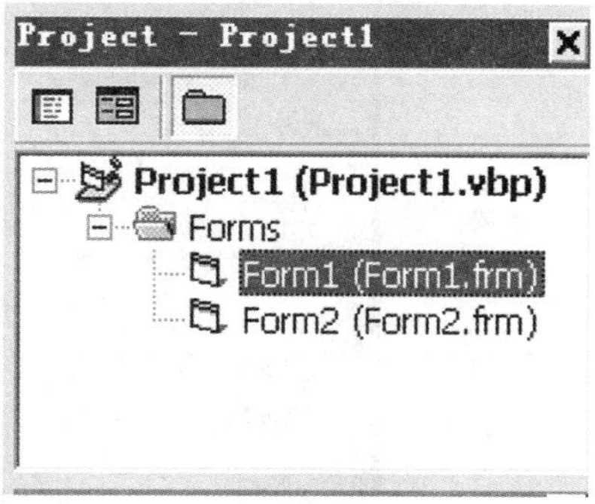

图3.29

(4)点击菜单栏中的【Project】|【Add Module】命令,会弹出【Add Module】对话框,如图3.30所示,选择 Module 选项,单击"打开",添加标准模块"Module1"到"Project"窗口,如图3.31所示。

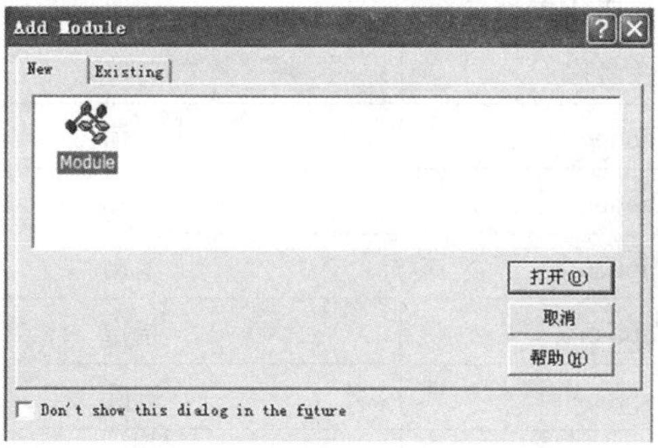

图3.30

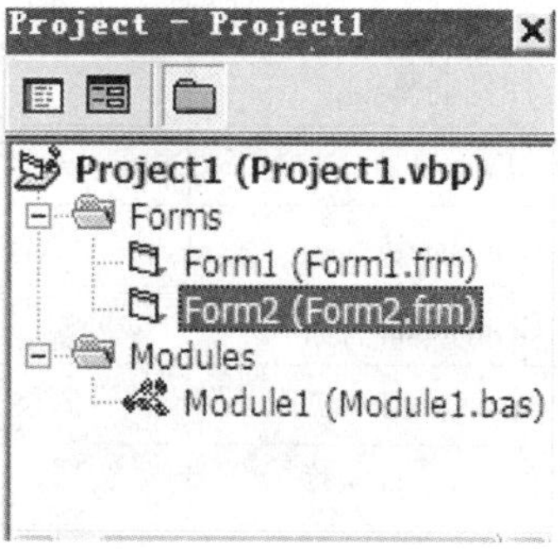

图3.31

(5)点击菜单栏中的【Project】|【Components】命令,会弹出【Components】组件对话框,如图3.32所示,在列表框中选择组件 Microsoft common dialog control 6.0 后,单击确定,这样 CommonDialog 控件就添加到了工具栏中,如图3.32所示。

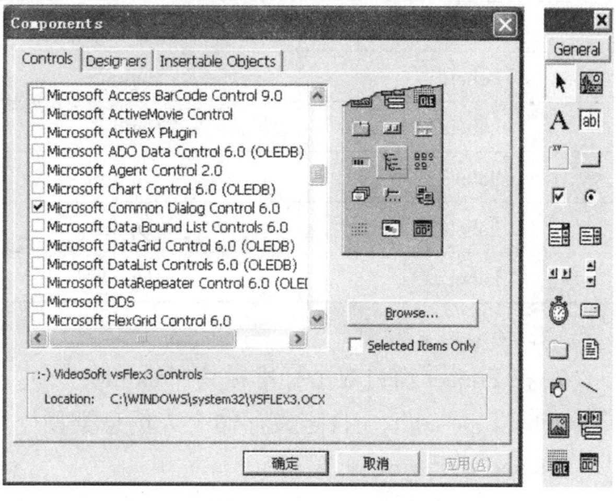

图3.32

(6)选择窗体"Form2",在窗体的属性栏中设置窗体的属性如下:窗体"Form2"的 Caption 属性设置为"添加记录";在窗体上添加框架控件"Frame"、按钮控件"CommandButton"、文本框控件"TextBox"、Image 控件、通用对话框 CommonDialog 控件,窗体布局如图3.33所示,控件属性值设置如表 3.4 所示。

图 3.33

表 3.4

控件名称	属性名称	属性值
Frame1	Caption	个人信息
Command1	Caption	添加
Command2	Caption	退出
Command3	Caption	指定
Command4	Caption	删除
Text1(0)	Text	清空
Text1(1)	Text	清空
Text1(2)	Text	清空
Text1(3)	Text	清空
Text1(4)	Text	清空
Label1	Caption	姓名
Label2	Caption	出生日期
Label3	Caption	性别
Label4	Caption	手机号码
Label5	Caption	工作单位

(7)在 Project 窗口双击标准模块“Module1”,进入代码区,添加代码如下:

```
Public Type addr   '自定义存储个人信息类型
    name As String * 6
    birthday As String * 10
```

```
    sex As String * 4
    tel As String * 14
    company As String * 14
    filename As String * 80
End Type
```

(8)在窗体“Form1”代码区顶端,定义模块级变量,为窗体“Form1”整个过程共用,代码如下:

```
Dim xinxi As addr
Dim recl, recn As Long
Dim filen As Integer
Dim max As Integer
```

(9)在窗体“Form1”上双击“读取文件”按钮,添加事件响应代码如下:

```
Private Sub Command5_Click()
    Dim i As Integer
    filen = FreeFile
    recl = 128      '存储信息字节数
    Open "通讯录.txt" For Random As #filen Len = recl   '打开文件
    max = LOF(filen) / recl   '计算存储信息记录数
    recn = max
    For i = 1 To max
      Get #filen, i, xinxi   '读取信息到自定义类型中
      List1.AddItem xinxi.name   '显示在列表框中
    Next i
End Sub
```

(10)在窗体“Form1”上双击“退出”按钮,添加事件响应代码如下:

```
Private Sub Command6_Click()
    Unload Me
End Sub
```

(11)在窗体“Form1”上双击“添加记录”按钮,添加事件响应代码如下:

```
Private Sub Command7_Click()
    Form2.Show
End Sub
```

(12)在窗体“Form1”上双击“前一个”按钮,添加事件响应代码如下:

```
Private Sub Command1_Click()
    recn = recn - 1
    If recn < 1 Then
      recn = max   '重新定位记录位置
    End If
    Get #filen, recn, xinxi   '从文件中读取信息记录到自定义类型中
    Text1(0).Text = xinxi.name   '显示到文本框中
```

```
    Text1(1).Text = xinxi.birthday
    Text1(2).Text = xinxi.sex
    Text1(3).Text = xinxi.tel
    Text1(4).Text = xinxi.company
    Image1.Stretch = True      '设置图像框显示模式
    Image1.Picture = LoadPicture(xinxi.filename)  '加载图片
End Sub
```

(13)在窗体“Form1”上双击“后一个”按钮,添加事件响应代码如下:

```
Private Sub Command2_Click()
    recn = recn + 1
    If recn > max Then
        recn = 1    '重新定位记录位置
    End If
    Get #filen, recn, xinxi   '从文件中读取信息记录到自定义类型中
    Text1(0).Text = xinxi.name   '显示到文本框中
    Text1(1).Text = xinxi.birthday
    Text1(2).Text = xinxi.sex
    Text1(3).Text = xinxi.tel
    Text1(4).Text = xinxi.company
    Image1.Stretch = True      '设置图像框显示模式
    Image1.Picture = LoadPicture(xinxi.filename)  '加载图片
End Sub
```

(14)在窗体“Form1”上双击“第一个”按钮,添加事件响应代码如下:

```
Private Sub Command3_Click()
    Get #filen, 1, xinxi          '读取第一条记录
    Text1(0).Text = xinxi.name       '显示到文本框中
    Text1(1).Text = xinxi.birthday
    Text1(2).Text = xinxi.sex
    Text1(3).Text = xinxi.tel
    Text1(4).Text = xinxi.company
    Image1.Stretch = True          '设置图像框显示模式
    Image1.Picture = LoadPicture(xinxi.filename)  '加载图片
End Sub
```

(15)在窗体“Form1”上双击“最后一个”按钮,添加事件响应代码如下:

```
Private Sub Command4_Click()
    Get #filen, max, xinxi        '读取最后一条记录
    Text1(0).Text = xinxi.name       '显示到文本框中
    Text1(1).Text = xinxi.birthday
    Text1(2).Text = xinxi.sex
    Text1(3).Text = xinxi.tel
```

```
    Text1(4).Text = xinxi.company
    Image1.Stretch = True              '设置图像框显示模式
    Image1.Picture = LoadPicture(xinxi.filename)   '加载图片
End Sub
```

(16)在窗体“Form1”上双击“List1”控件,添加事件响应代码如下:

```
Private Sub List1_Click()
    Dim i As Integer
    Dim a As String * 4
    Dim b As String * 4
    For i = 1 To max           '循环读取文件中记录信息
      Get #filen, i, xinxi
      a = List1.Text
      b = xinxi.name
      If a = b Then   '文件信息与列表框信息比对,相同则显示信息到文本框及图片框
          Text1(0).Text = xinxi.name
          Text1(1).Text = xinxi.birthday
          Text1(2).Text = xinxi.sex
          Text1(3).Text = xinxi.tel
          Text1(4).Text = xinxi.company
          Image1.Stretch = True
          filename = App.Path & "" & xinxi.filename
          Image1.Picture = LoadPicture(filename)
      End If
    Next i
End Sub
```

(17)在窗体“Form2”代码区顶端定义模块级变量,为窗体“Form2”所有过程共用,代码如下:

```
Dim xinxi As addr
Dim recl, recn As Long
Dim filen As Integer
Dim filename As String * 100
```

(18)在窗体“Form2”上双击“添加”按钮,添加事件响应代码如下:

```
Private Sub Command1_Click()
    Dim i As Integer
    For i = 0 To 4
      If Text1(i) = "" Then   '验证是否输入完整信息
          MsgBox "数据未输完", "输入数据"
          Exit Sub
      End If
Next i
i = InStrRev(filename, "")
```

```
filename = Right(filename, Len(filename) - i)
   With xinxi
      .name = Text1(0).Text
      .birthday = Text1(1).Text
      .sex = Text1(2).Text
      .tel = Text1(3).Text
      .company = Text1(4).Text
      .filename = filename
   End With
   filen = FreeFile
   recl = 128              '信息记录字节数
   Open "通讯录.txt" For Random As #filen Len = recl 打开文件
   recn = LOF(filen) / recl + 1
   Put #filen, recn, xinxi  '写入文件
   For i = 0 To 4
      Text1(i) = ""         '清空文本框
   Next i
End Sub
```

(19)在窗体“Form2”上双击“退出”按钮,添加事件响应代码如下:

```
Private Sub Command2_Click()
   Close #filen  '关闭文件
   Unload Me     '卸载窗体
   Form1.Show
End Sub
```

(20)在窗体“Form2”上双击“指定”按钮,添加事件响应代码如下:

```
Private Sub Command3_Click()
   Image1.Stretch = True
   CommonDialog1.ShowOpen      '调用通用对话框
   filename = CommonDialog1.filename
   If (Len(filename) > 0) Then
      Image1.Picture = LoadPicture(filename)   '加载图片
   End If
End Sub
```

(21)在窗体“Form2”上双击“删除”按钮,添加事件响应代码如下:

```
Private Sub Command4_Click()
   Image1.Picture = LoadPicture("0.jpg")  '加载默认图片
   filename = "0.jpg"
End Sub
```

(22)在本工程所在目录下,建立名称为“通讯录.txt”文本文件。

(23)编译调试程序。

实例5 计 算 器

＊实例运行效果及功能说明

本实例主要讲解常用数学函数的应用，以及菜单如何设置，要求计算器可以通过菜单选择为标准型和科学型，计算器程序功能可以实现真实计算器的功能。如图3.34和3.35所示。

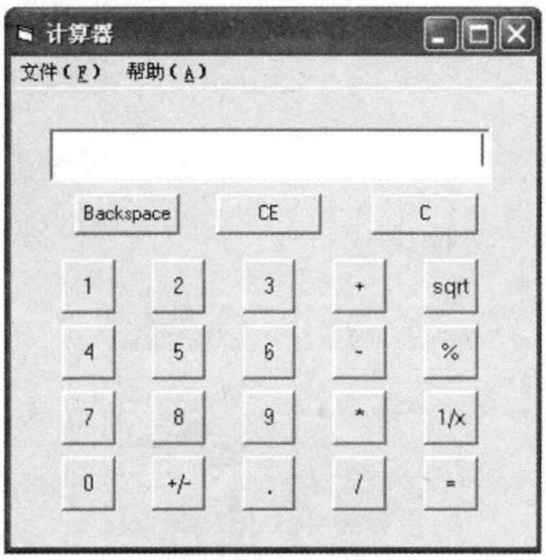

图3.34

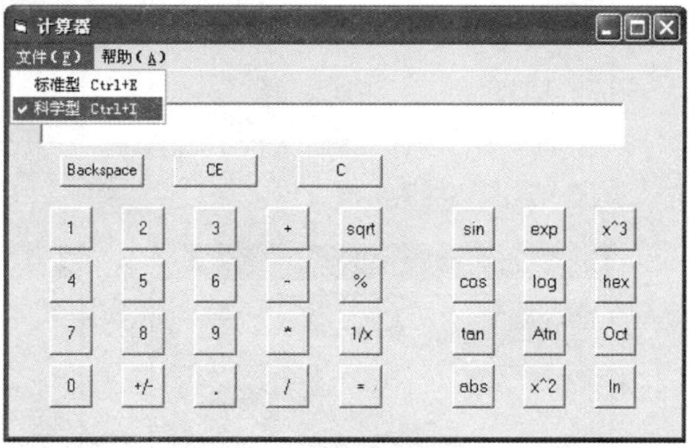

图3.35

＊学习要点说明

(1)常用数学函数的应用；

(2)菜单设计的应用；

(3)控件数组的应用；

(4)字符串操作的应用。

＊编程步骤详解

(1)在Windows【开始】菜单中点击“Microsoft Visual Basic 6.0”应用程序，会弹出对话框如图3.36所示，选择“Standard EXE”项，然后单击“打开”按钮，这样就建立了一个新的工程。

(2)点击菜单栏中的【Tools】|【Menu Editor】命令，会弹出【Menu Editor】对话框，建立一级子菜单“Caption”值为“文件”，“Name”值为“file”，如图3.37所示；之后单击“Next”建立新菜单命令，同时单击→按钮使新建菜单命令为二级子菜单命令，二级菜单“Caption”值为“标准型”，“Name”值为“stand”，快捷方式“Shortcut”值为“Ctrl + E”，如图3.38所示；接着建立二级子菜单命令为“科学型”，如图3.39所示；再建立一级子菜单“Caption”值为“帮助”，“Name”值为“about”，如图3.40所示。

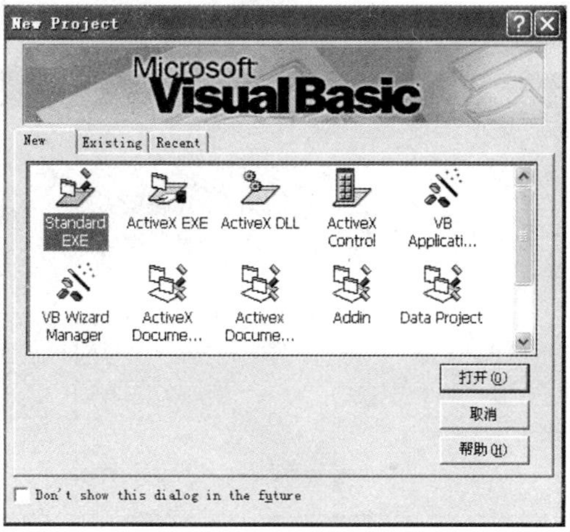

图3.36

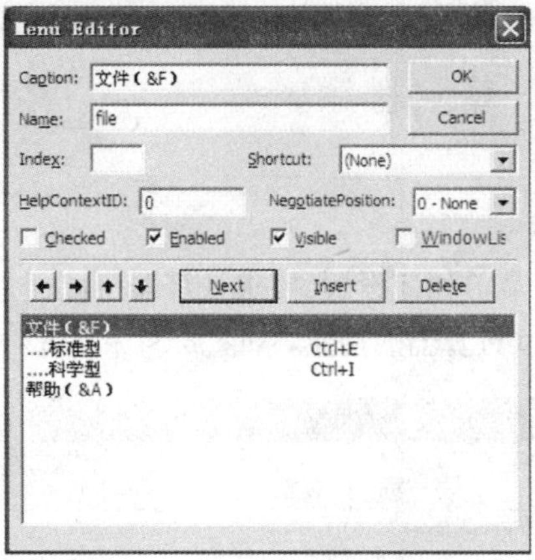

图 3.37

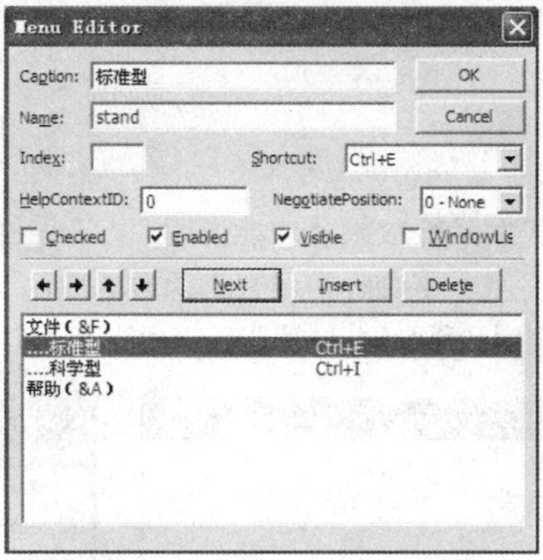

图 3.38

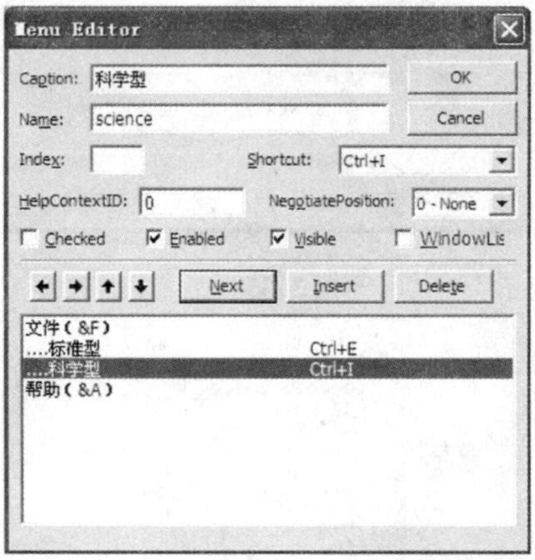

图 3.39

图 3.40

(3)选择窗体"Form1",在窗体的属性栏中设置窗体的属性如下:窗体"Form1"的Caption属性设置为"计算器";在窗体上添加按钮控件"CommandButton"、文本框控件"TextBox",窗体布局如图3.41所示,之后改变窗体尺寸如图3.42所示,控件属性值设置如表3.5所示。

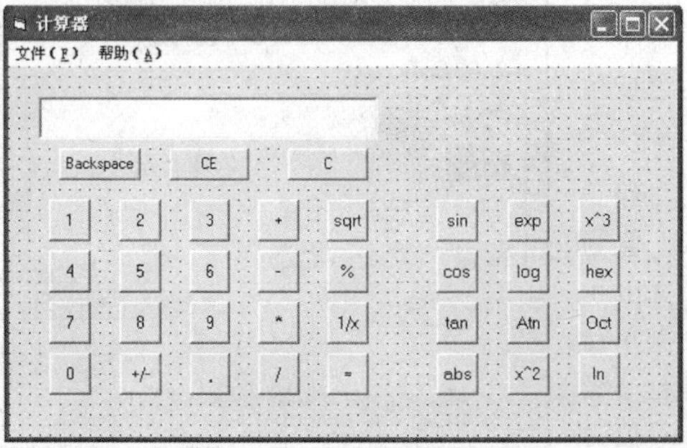

图 3.41

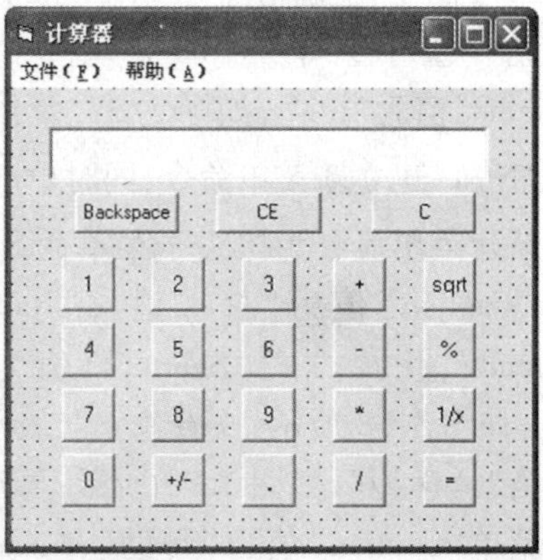

图 3.42

表 3.5

控件名称	属性名称	属性值
Text1	Text	清空
Command1	Caption	Backspace
Command2	Caption	CE
Command3	Caption	C
Command4(0)	Caption	1
Command4(1)	Caption	2
Command4(2)	Caption	3
Command4(3)	Caption	4
Command4(4)	Caption	5
Command4(5)	Caption	6
Command4(6)	Caption	7
Command4(7)	Caption	8
Command4(8)	Caption	9
Command4(9)	Caption	0
Command5	Caption	+/-
Command6	Caption	+
Comman7	Caption	-
Command8	Caption	*
Command9	Caption	/
Command10	Caption	sqrt
Command11	Caption	%
Command12	Caption	1/x
Command13	Caption	=
Command14	Caption	.
Command15	Caption	sin
Command16	Caption	cos
Command17	Caption	tan
Command18	Caption	abs
Command19	Caption	exp
Command20	Caption	log
Command21	Caption	Atn
Command22	Caption	x^2
Command23	Caption	x^3
Command24	Caption	hex
Command25	Caption	Oct
Command26	Caption	ln

(4)在窗体“Form1”代码区顶端定义模块级变量,代码如下:

```
Dim flag As Integer
Dim flag1 As Integer
Dim flag2 As Integer
Dim a, b As Single
Dim fuhao As Integer
```

(5)在窗体“Form1”上单击菜单【文件】|【标准型】命令,添加事件响应代码如下:

```
Private Sub stand_Click()
    Form1.Width = 5000        '更改窗体尺寸
    Form1.Height = 5000
    Text1.Width = 4000
    stand.Checked = True     '标识标准型
    science.Checked = False
End Sub
```

(6)在窗体“Form1”上单击菜单【文件】|【科学型】命令,添加事件响应代码如下:

```
Private Sub science_Click()
    Form1.Width = 8000   '更改窗体尺寸
    Form1.Height = 5000
    Text1.Width = 7000
    stand.Checked = False   '标识科学型
    science.Checked = True
End Sub
```

(7)在窗体“Form1”上单击菜单【帮助】命令,添加事件响应代码如下:

```
Private Sub about_Click()
    MsgBox "1.0 版本", vbOKOnly, "VB 计算器"
End Sub
```

(8)双击窗体“Form1”,添加窗体加载事件代码如下:

```
Private Sub Form_Load()
    stand.Checked = True   '默认标准型
End Sub
```

(9)在窗体“Form1”上双击“Backspace”命令按钮,添加事件响应代码如下:

```
Private Sub Command1_Click()
    Text1.Text = Left(Text1.Text, Len(Text1.Text) - 1)   '退格
End Sub
```

(10)在窗体“Form1”上双击“CE”命令按钮,添加事件响应代码如下:

```
Private Sub Command2_Click()
    Text1.Text = ""
End Sub
```

(11)在窗体“Form1”上双击“C”命令按钮,添加事件响应代码如下:

```
Private Sub Command3_Click()
```

```
    Text1.Text = ""
End Sub
```

(12)在窗体“Form1”上双击数字命令按钮“0～9”中任一按钮，添加事件响应代码如下：

```
Private Sub Command4_Click(Index As Integer)
    If flag2 = 1 Then
        Text1.Text = ""
        Text1.Text = Text1.Text & Command4(Index).Caption  '构建输入文本字符串
        flag2 = 0
    Else
        Text1.Text = Text1.Text & Command4(Index).Caption
    End If
End Sub
```

(13)在窗体“Form1”上双击“+/-”命令按钮，添加事件响应代码如下：

```
Private Sub Command5_Click()
    If flag = 0 Then
        Text1.Text = "-" & Text1.Text  '构建运算字符串
        flag = 1
    Else
        Text1.Text = Right(Text1.Text, Len(Text1.Text) - 1)
        flag = 0
    End If
End Sub
```

(14)在窗体“Form1”上双击“+”命令按钮，添加事件响应代码如下：

```
Private Sub Command6_Click()
    a = Text1.Text
    fuhao = 1  '符号 +
    Text1.Text = ""
    flag1 = 0
End Sub
```

(15)在窗体“Form1”上双击“-”命令按钮，添加事件响应代码如下：

```
Private Sub Command7_Click()
    a = Text1.Text
    fuhao = 2  '符号 -
    Text1.Text = ""
    flag1 = 0
End Sub
```

(16)在窗体“Form1”上双击“*”命令按钮，添加事件响应代码如下：

```
Private Sub Command8_Click()
    a = Text1.Text
```

```
    fuhao = 3  '符号*
    Text1.Text = ""
    flag1 = 0
End Sub
```

(17)在窗体“Form1”上双击“/”命令按钮,添加事件响应代码如下:

```
Private Sub Command9_Click()
    a = Text1.Text
    fuhao = 4  '符号/
    Text1.Text = ""
    flag1 = 0
End Sub
```

(18)在窗体“Form1”上双击“sqrt”命令按钮,添加事件响应代码如下:

```
Private Sub Command10_Click()
    a = Text1.Text
    fuhao = 5  '符号 sqrt
    Text1.Text = " "
End Sub
```

(19)在窗体“Form1”上双击“%”命令按钮,添加事件响应代码如下:

```
Private Sub Command11_Click()
    a = Text1.Text
    fuhao = 6  '符号%
    Text1.Text = ""
End Sub
```

(20)在窗体“Form1”上双击“%”命令按钮,添加事件响应代码如下:

```
Private Sub Command12_Click()
    a = Text1.Text
    fuhao = 7  '符号 1/x
    Text1.Text = ""
End Sub
```

(21)在窗体“Form1”上双击“.”命令按钮,添加事件响应代码如下:

```
Private Sub Command14_Click()
    If flag1 = 0 Then
        Text1.Text = Text1.Text & "."   '构建数字字符串
        flag1 = 1
    Else
    End If
End Sub
```

(22)在窗体“Form1”上双击“sin”命令按钮,添加事件响应代码如下:

```
Private Sub Command15_Click()
    a = Text1.Text
```

```
    fuhao = 8      '符号 sin
    Text1.Text = ""
End Sub
```

(23)在窗体"Form1"上双击"cos"命令按钮,添加事件响应代码如下:

```
Private Sub Command16_Click()
    a = Text1.Text
    fuhao = 9   '符号 cos
    Text1.Text = ""
End Sub
```

(24)在窗体"Form1"上双击"tan"命令按钮,添加事件响应代码如下:

```
Private Sub Command17_Click()
    a = Text1.Text
    fuhao = 10   '符号 tan
    Text1.Text = ""
End Sub
```

(25)在窗体"Form1"上双击"abs"命令按钮,添加事件响应代码如下:

```
Private Sub Command18_Click()
    a = Text1.Text
    fuhao = 11   '符号 abs
    Text1.Text = ""
End Sub
```

(26)在窗体"Form1"上双击"exp"命令按钮,添加事件响应代码如下:

```
Private Sub Command19_Click()
    a = Text1.Text
    fuhao = 12   '符号 exp
    Text1.Text = ""
End Sub
```

(27)在窗体"Form1"上双击"log"命令按钮,添加事件响应代码如下:

```
Private Sub Command20_Click()
    a = Text1.Text
    fuhao = 13   '符号 log
    Text1.Text = ""
End Sub
```

(28)在窗体"Form1"上双击"Atn"命令按钮,添加事件响应代码如下:

```
Private Sub Command21_Click()
    a = Text1.Text
    fuhao = 14   '符号 Atn
    Text1.Text = ""
End Sub
```

(29)在窗体"Form1"上双击"x^2"命令按钮,添加事件响应代码如下:

```
Private Sub Command22_Click( )
    a = Text1. Text
    fuhao = 15   '符号 x^2
    Text1. Text = ""
End Sub
```

(30)在窗体“Form1”上双击“x^3”命令按钮,添加事件响应代码如下:

```
Private Sub Command23_Click( )
    a = Text1. Text
    fuhao = 16   '符号 x^3
    Text1. Text = ""
End Sub
```

(31)在窗体“Form1”上双击“hex”命令按钮,添加事件响应代码如下:

```
Private Sub Command24_Click( )
    a = Text1. Text
    fuhao = 17   '符号 hex
    Text1. Text = ""
End Sub
```

(32)在窗体“Form1”上双击“Oct”命令按钮,添加事件响应代码如下:

```
Private Sub Command25_Click( )
    a = Text1. Text
    fuhao = 18   '符号 Oct
    Text1. Text = ""
End Sub
```

(33)在窗体“Form1”上双击“ln”命令按钮,添加事件响应代码如下:

```
Private Sub Command26_Click( )
    a = Text1. Text
    fuhao = 19   '符号 ln
    Text1. Text = ""
End Sub
```

(34)在窗体“Form1”上双击“=”命令按钮,添加事件响应代码如下:

```
Private Sub Command13_Click( )
    b = Val(Text1. Text)
    If fuhao = 1 Then
      Text1. Text = a + b
    ElseIf fuhao = 2 Then
      Text1. Text = a - b
    ElseIf fuhao = 3 Then
      Text1. Text = a * b
    ElseIf fuhao = 4 Then
      Text1. Text = a / b
```

```
  ElseIf fuhao = 5 Then
    Text1.Text = CStr(Sqr(a))
  ElseIf fuhao = 6 Then
    Text1.Text = a Mod b
  ElseIf fuhao = 7 Then
    Text1.Text = 1 / a
  ElseIf fuhao = 8 Then
    Text1.Text = Sin(a * 3.14 / 180)
  ElseIf fuhao = 9 Then
    Text1.Text = Cos(a * 3.14 / 180)
  ElseIf fuhao = 10 Then
    Text1.Text = Tan(a * 3.14 / 180)
  ElseIf fuhao = 11 Then
    Text1.Text = Abs(a)
  ElseIf fuhao = 12 Then
    Text1.Text = Exp(a)
  ElseIf fuhao = 13 Then
    Text1.Text = Log(a)
  ElseIf fuhao = 14 Then
    Text1.Text = Atn(a * 3.14 / 180)
  ElseIf fuhao = 15 Then
    Text1.Text = a * a
  ElseIf fuhao = 16 Then
    Text1.Text = a * a * a
  ElseIf fuhao = 17 Then
    Text1.Text = Hex(a)
  ElseIf fuhao = 18 Then
    Text1.Text = Oct(a)
  ElseIf fuhao = 19 Then
    Text1.Text = Log(a) / Log(2.71828)
  End If
  flag2 = 1
End Sub
```

(35)编译调试程序。

实例6　绘图板

＊实例运行效果及功能说明

本实例主要讲解如何使用 PictureBox 控件、通用对话框 CommonDialog 控件，以及鼠标移动及按下事件的响应进行绘图，要求可以选择颜色、线宽等属性，在 PictureBox 控件中鼠标绘图，程序运行界面如图 3.43 所示。

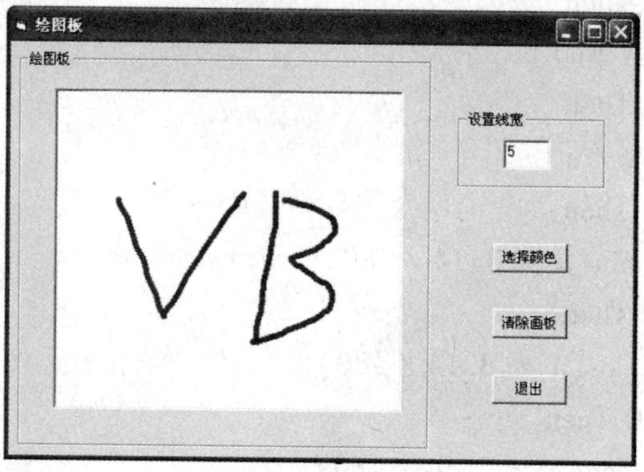

图 3.43

＊学习要点说明

（1）PictureBox 控件的应用；

（2）通用对话框 CommonDialog 控件的应用；

（3）鼠标移动事件的响应；

（4）鼠标按下事件的响应。

＊编程步骤详解

（1）在 Windows【开始】菜单中点击“Microsoft Visual Basic 6.0”应用程序，会弹出对话框如图 3.44 所示，选择“Standard EXE”项，然后单击“打开”按钮，这样就建立了一个新的工程。

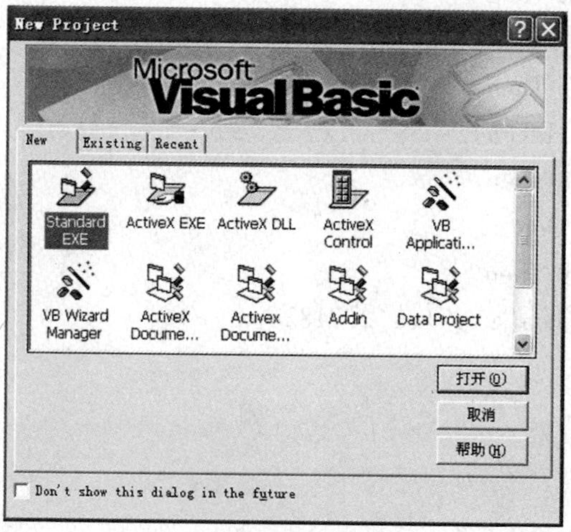

图 3.44

（2）点击菜单栏中的【Project】|【Components】命令，会弹出【Components】组件对话框，在列表框中选择组件 Microsoft common dialog control 6.0 后，单击确定，这样 CommonDialog 控件就添加到了工具栏中，如图 3.45 所示。

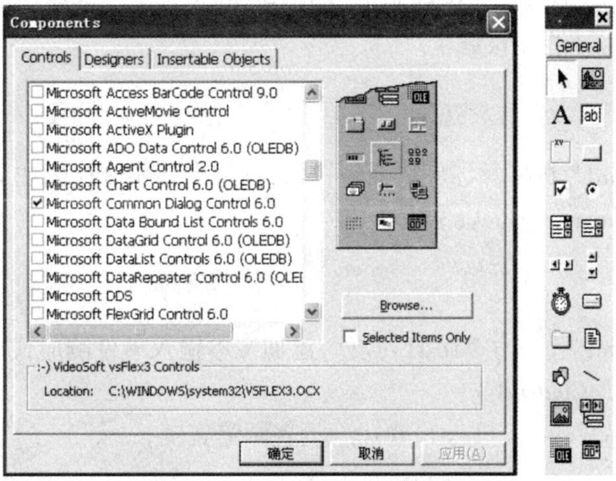

图 3.45

(3)选择窗体“Form1”,在窗体的属性栏中设置窗体的属性如下:窗体“Form1”的 Caption 属性设置为“绘图板”。在窗体上添加按钮控件“CommandButton”、框架控件“Frame”、文本框控件“TextBox”、CommonDialog 控件、PictureBox 控件,窗体布局如图3.46所示,控件属性值设置如表 3.6 所示,设置控件对象 Picture1 背景颜色为白色。

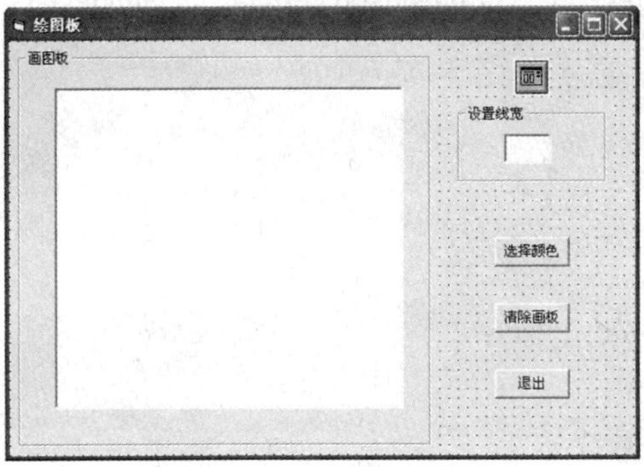

图 3.46

表 3.6

控件名称	属性名称	属性值
Frame1	Caption	设置线宽
Frame2	Caption	绘图板
Text1	Text	清空
Command1	Caption	选择颜色
Command2	Caption	清除画板
Command3	Caption	退出

(4)在窗体“Form1”代码区顶端定义模块级变量,代码如下:

```
Dim x1, y1, x2, y2 As Integer
Dim flag As Boolean
```

(5)在窗体“Form1”上双击“选择颜色”命令按钮,添加事件响应代码如下:

```
Private Sub Command1_Click()
    CommonDialog1.DialogTitle = "选择颜色"
    CommonDialog1.ShowColor                '调用通用对话框
    Picture1.ForeColor = CommonDialog1.Color
End Sub
```

(6)在窗体“Form1”上双击“清除画板”命令按钮,添加事件响应代码如下:

```
Private Sub Command2_Click( )
   Picture1. Cls   '清屏
End Sub
```

(7)在窗体“Form1”上双击“退出”命令按钮,添加事件响应代码如下:

```
Private Sub Command3_Click( )
   Unload Me
End Sub
```

(8)在窗体“Form1”上双击“Text1”控件,添加文本输入事件响应代码如下:

```
Private Sub Text1_Change( )
   Picture1. DrawWidth = Text1. Text   '设置画笔宽度
End Sub
```

(9)在窗体“Form1”的代码区,添加图片框“Picture1”控件的鼠标移动事件“MouseMove”如图 3.47 所示,代码如下:

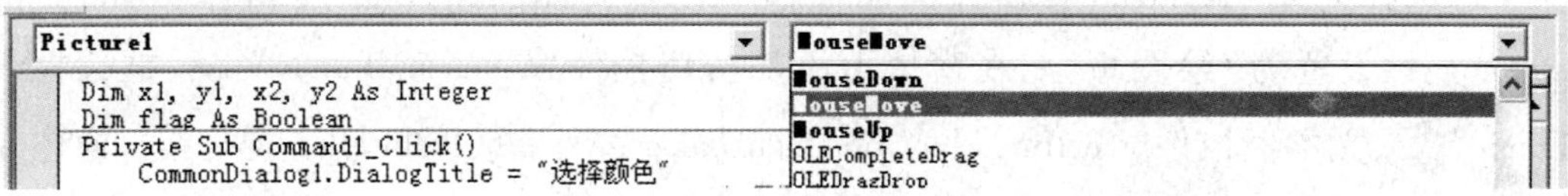

图 3.47

```
Private Sub Picture1_MouseMove( Button As Integer, Shift As Integer, X As Single, Y As Single)
    If flag = False Then
      Exit Sub
    End If
    If flag = True Then
      x2 = X                   '记录鼠标移动坐标
      y2 = Y
      Picture1. Line (x1, y1) - (x2, y2)   '画线
      x1 = x2
      y1 = y2
    End If
End Sub
```

(10)在窗体“Form1”的代码区,添加图片框“Picture1”控件的鼠标按键抬起事件“MouseUp”如图 3.47 所示,代码如下:

```
Private Sub Picture1_MouseUp( Button As Integer, Shift As Integer, X As Single, Y As Single)
    flag = False
End Sub
```

(11)在窗体“Form1”的代码区,添加图片框“Picture1”控件的鼠标按键按下事件“MouseDown”,如图 3.47 所示,代码如下:

```
Private Sub Picture1_MouseDown(Button As Integer, Shift As Integer, X As Single, Y As Single)
    flag = True
    x1 = X
    y1 = Y
End Sub
```

(12)编译调试程序。

实例 7　记事日历

＊实例运行效果及功能说明

本实例主要讲解如何使用日历"Calendar"控件、文本框"TextBox"控件、按钮控件"CommandButton"，以及进行文件读写，实现记事日历功能，日历可根据日期自动显示记事项，程序运行界面如图 3.48 所示，。

图 3.48

＊学习要点说明

(1)"Calendar"控件的应用；

(2)文件读写的应用；

(3)时间函数的应用；

(4)自定义类型的应用；

(5)全局变量的应用。

＊编程步骤详解

(1)在 Windows【开始】菜单中点击"Microsoft Visual Basic 6.0"应用程序，会弹出对话框如图 3.49 所示，选择"Standard EXE"项，然后单击"打开"按钮，这样就建立了一个新的工程。

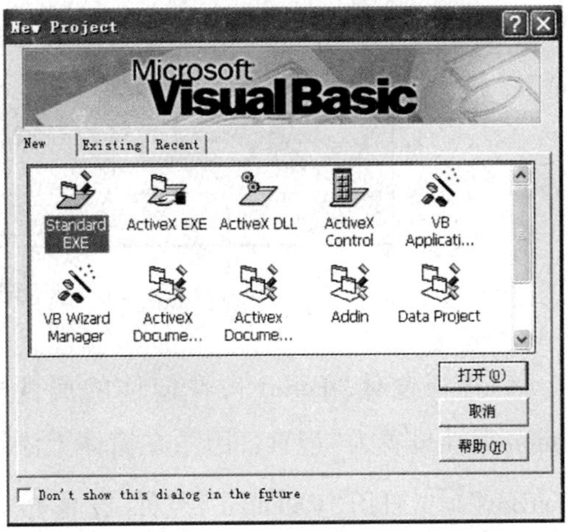

图 3.49

(2)点击菜单栏中的【Project】|【Add Module】命令，会弹出【Add Module】对话框，如图3.50所示，选择 Module 选项，单击“打开”，添加标准模块“Module1”到“Project”窗口，如图3.51所示。

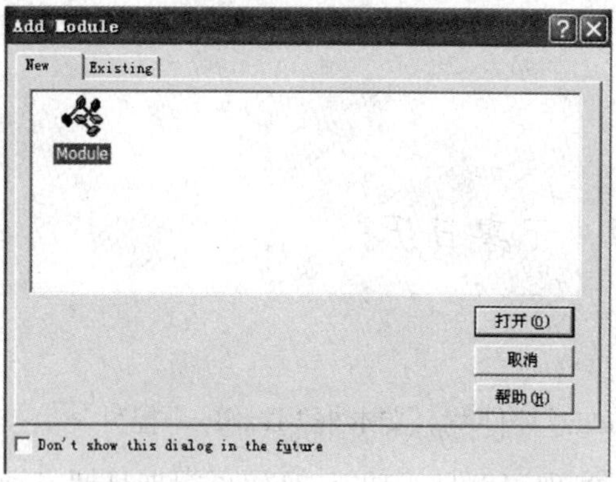

图3.50

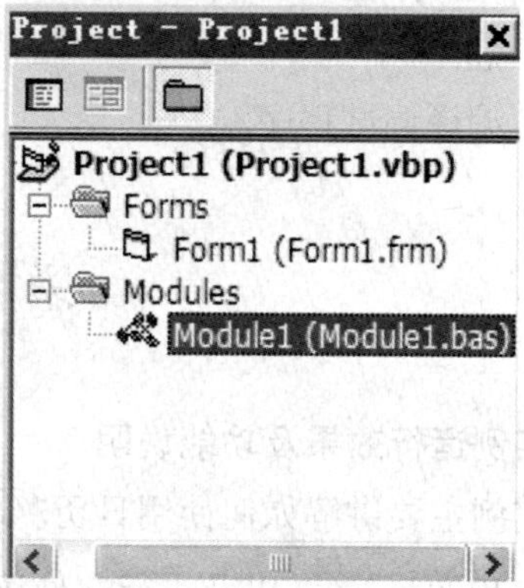

图3.51

(3)点击菜单栏中的【Project】|【Components】命令，会弹出【Components】组件对话框，在列表框中选择组件 Microsoft Calendar control 8.0 后，单击确定，这样“Calendar”控件就添加到了工具栏中，如图3.52所示。

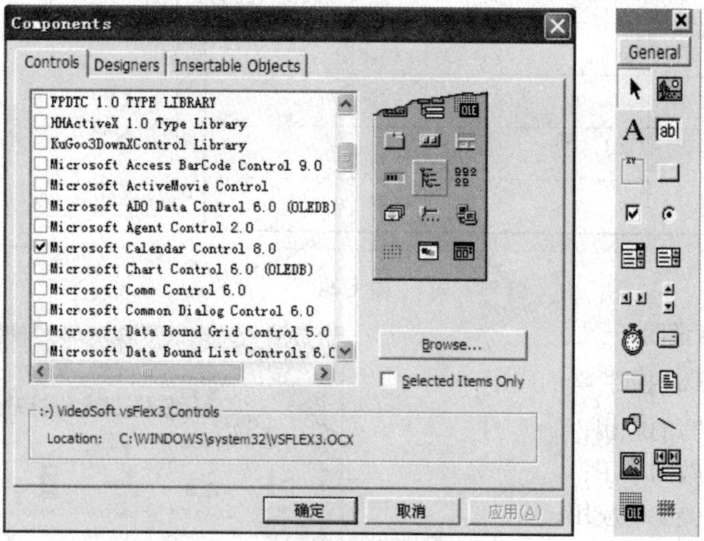

图3.52

(4)选择窗体“Form1”，在窗体的属性栏中设置窗体的属性如下：窗体“Form1”的 Caption 属性设置为“记事日历”；在窗体上添加按钮控件“CommandButton”、文本框控件“TextBox”、日历“Calendar”控件，窗体布局如图3.53所示，控件属性值设置如表3.7所示。

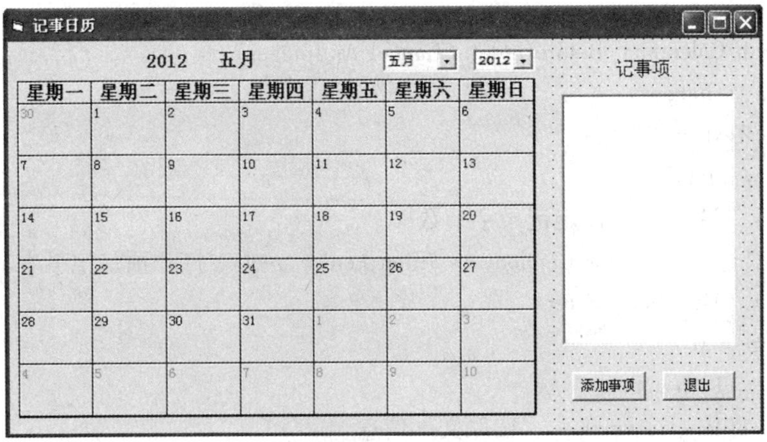

图 3.53

表 3.7

控件名称	属性名称	属性值
Form1	Caption	记事日历
Calendar1	FirstDay	星期一
Text1	Text	清空
Label1	Caption	记事项
Command1	Caption	添加事项
Command2	Caption	退出

(5)双击工程区标准模块“Module1”,进入代码区,定义全局自定义类型代码如下:

```
Public Type addr
    time As Long
    inform As String * 200
End Type
```

(6)进入窗体“Form1”的代码区,在代码区顶端定义模块级变量,代码如下:

```
Dim xinxi As addr
Dim recl, recn As Long
Dim filen As Integer
Dim max As Integer
```

(7)双击窗体“Form1”,添加窗体加载事件,事件响应代码如下:

```
Private Sub Form_Load( )
    Calendar1. Year  =  Year( Date)    '设定日历的年份
    Calendar1. Month  =  Month( Date)    '设定日历的月份
    Calendar1. Day  =  Day( Date)        '设定日历的日子
End Sub
```

(8)双击窗体“Form1”上的日历“Calendar1”控件,添加日历更新事件,事件响应代码如下：

```
Private Sub Calendar1_BeforeUpdate(Cancel As Integer)
    Dim i As Integer
    Text1.Text = ""
    filen = FreeFile
    recl = 204          '设定记录字节数
    Open "记事.txt" For Random As #filen Len = recl   '打开预定记事本
    max = LOF(filen) / recl
    recn = max
    For i = 1 To max
      Get #filen, i, xinxi      '读取文件信息
      If xinxi.time = Calendar1.Year & Calendar1.Month & Calendar1.Day Then
          Text1.Text = xinxi.inform
      End If
    Next i
End Sub
```

(9)双击窗体“Form1”上的“添加事项”按钮,添加按钮单击响应事件,事件响应代码如下：

```
Private Sub Command1_Click()
    filen = FreeFile
    recl = 204      '存储信息记录字节数
    With xinxi
      .time = Calendar1.Year & Calendar1.Month & Calendar1.Day
      .inform = Text1.Text
    End With
    Open "记事.txt" For Random As #filen Len = recl   '打开文件
    recn = LOF(filen) / recl + 1
    Put #filen, recn, xinxi   '存储到记事.txt中
End Sub
```

(10)双击窗体“Form1”上的“退出”按钮,添加按钮单击响应事件,事件响应代码如下：

```
Private Sub Command2_Click()
    Close #filen   '关闭文件
    Unload Me   '卸载窗体
End Sub
```

(11)在工程存储目录下,建立“记事.txt”文本文件。

(12)编译调试程序。

实例 8 学生信息管理

＊实例运行效果及功能说明

本实例主要讲解如何使用 ADO 数据库对象访问技术管理学生信息、讲解多窗体设计及菜单设计、讲解如何使用 PictureBox 控件绘图，程序可以添加、删除、修改、读取学生信息，同时可根据学生成绩生成图表，程序运行界面如图 3.54 ~ 图 3.58 所示。

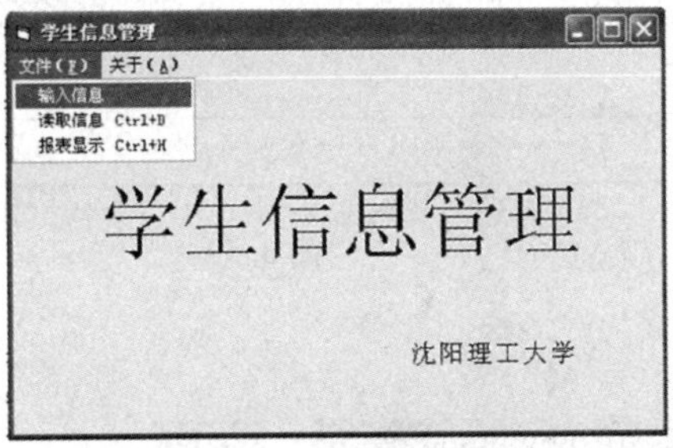

图 3.54

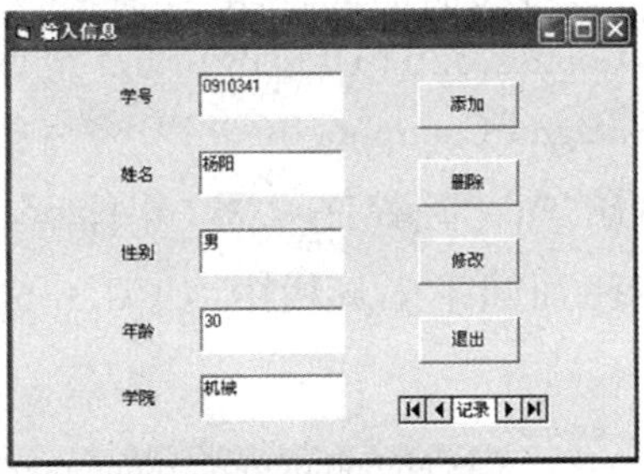

图 3.55

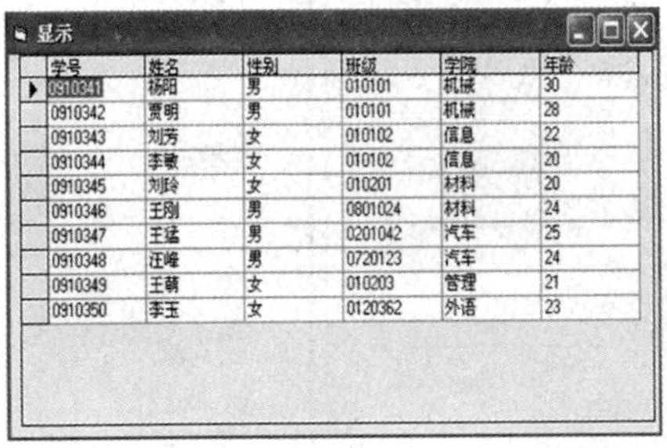

图 3.56

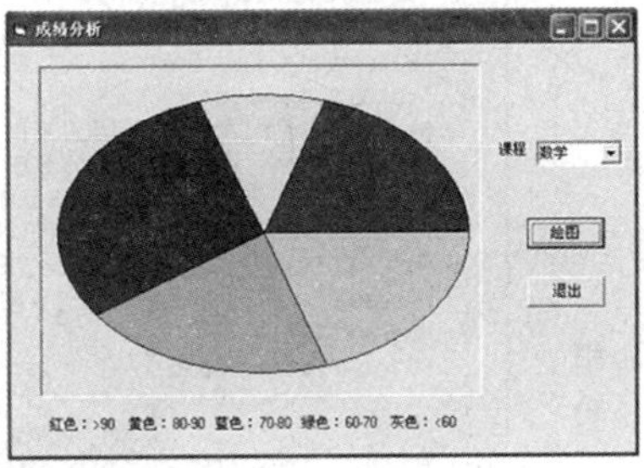

图 3.57

图 3.58

＊学习要点说明

(1) ADO 数据库对象访问技术的应用；

(2) 多窗体设计的应用；

(3) 菜单设计的应用；

(4) PictureBox 控件的应用；

(5) SQL 指令的应用。

＊编程步骤详解

(1)在 Windows【开始】菜单中点击"Microsoft Visual Basic 6.0"应用程序,会弹出对话框如图 3.59 所示,选择"Standard EXE"项,然后单击"打开"按钮,这样就建立了一个新的工程。

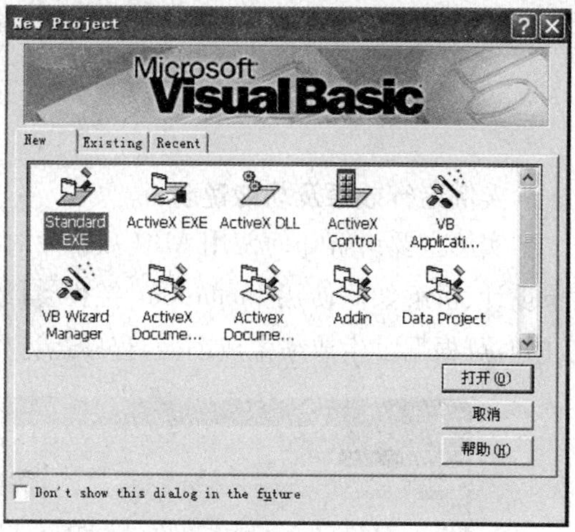

图 3.59

(2)点击菜单栏中的【Project】|【Components】命令,会弹出【Components】组件对话框,在列表框中选择组件 Microsoft ADO Data Control 6.0(OLEDB)以及组件 Microsoft Datagrid Control 6.0(OLEDB)后单击确定,这样"Adodc"控件和"Datagrid"控件就添加到了工具栏中,如图 3.60 所示。

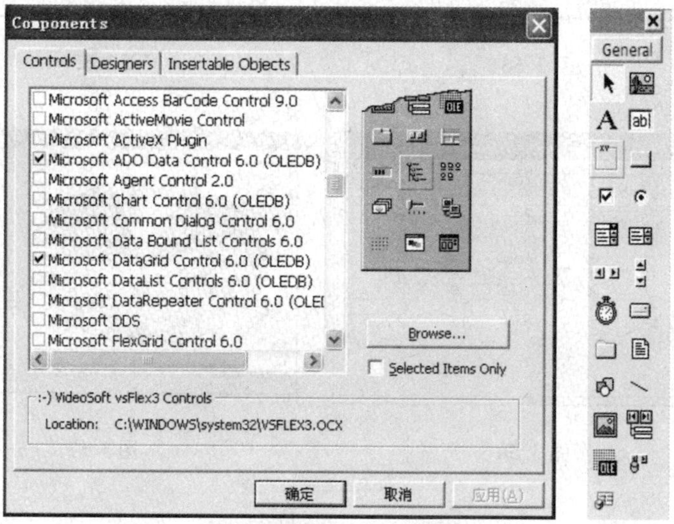

图 3.60

(3)点击菜单栏中的【Tools】|【Menu Editor】命令,会弹出【Menu Editor】对话框,建立一级子菜单"Caption"值为"文件","Name"值为"file",如图 3.61 所示;之后单击"Next"建立新菜单命令,同时单击➡按钮使新建菜单命令为二级子菜单命令,二级菜单"Caption"值为"输入信息","Name"值为"input",快捷方式"Shortcut"值为"Ctrl + I",如图 3.62 所示;接着建立二级子菜单命令为"读取信息"、"报表显示",如图 3.63 和图 3.64 所示;再建立一级子菜单"Caption"值为"关于","Name"值为"about",如图 3.65 所示。

(4)点击菜单栏中的【Project】|【Add Form】命令,会弹出【Add Form】对话框,如图 3.66 所示,选择Form选项,单击"打开",添加窗体"Form2"到"Project"窗口,同样方法,添加窗体"Form3""Form4"到"Project"窗口,如图 3.67 所示。

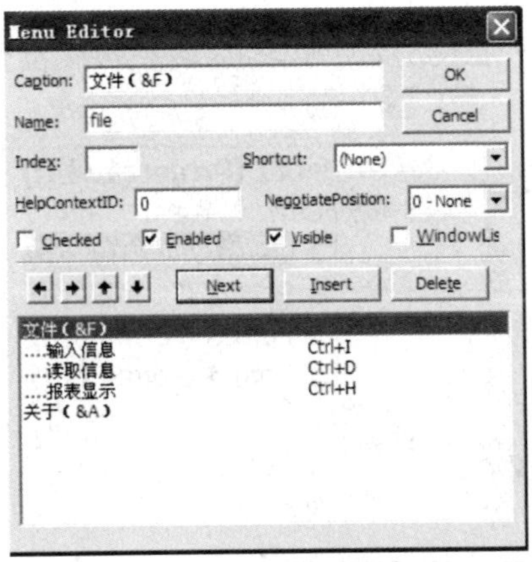

图 3.61

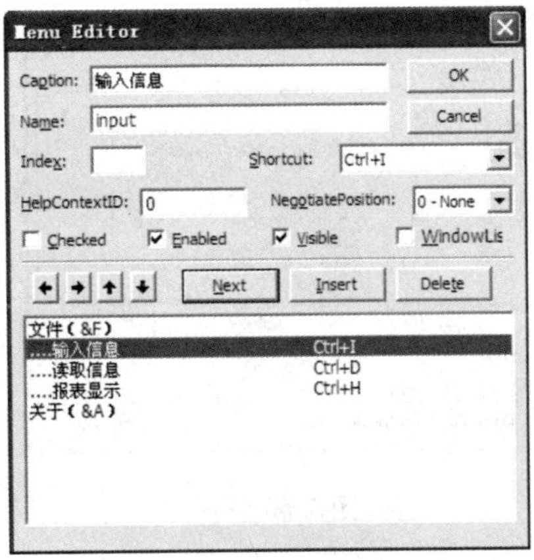

图 3.62

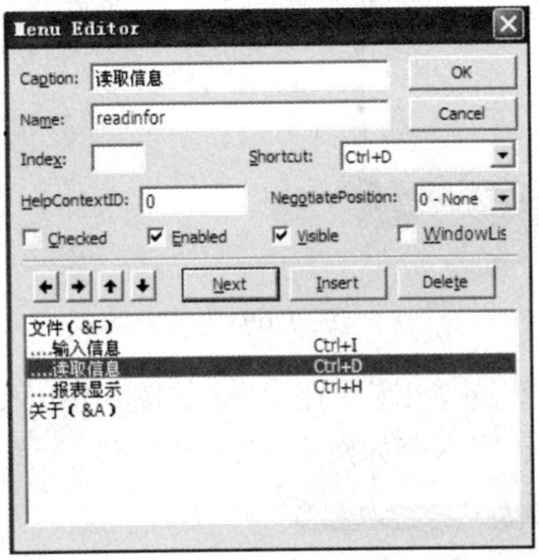

图 3.63

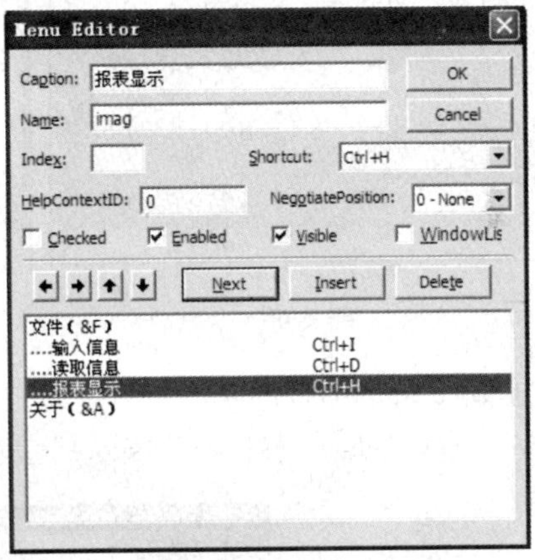

图 3.64

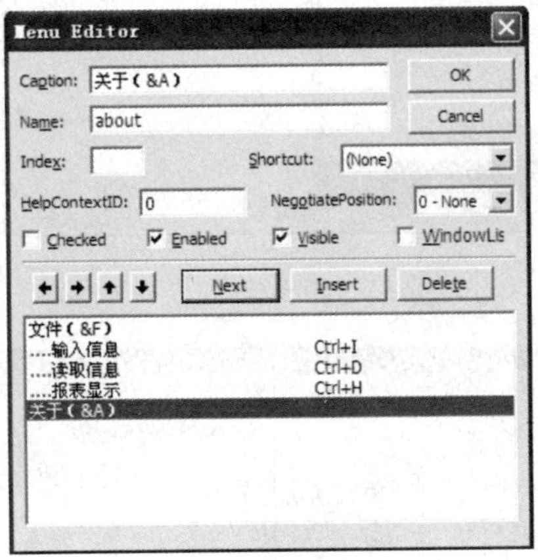

图 3.65

(5)创建数据库,选择菜单栏中【Add-Ins】|【Visual Data Manager】,会弹出【VisData】对话框,如图3.68所示,在对话框中选择菜单项【File】|【New】|【Microsoft Access】|【Version 7.0 MDB】,在出现的对话框中输入数据库名“student.mdb”,则在数据管理器中出现如图3.69所示的数据库窗口“Database Window”和“SQL Statement”。

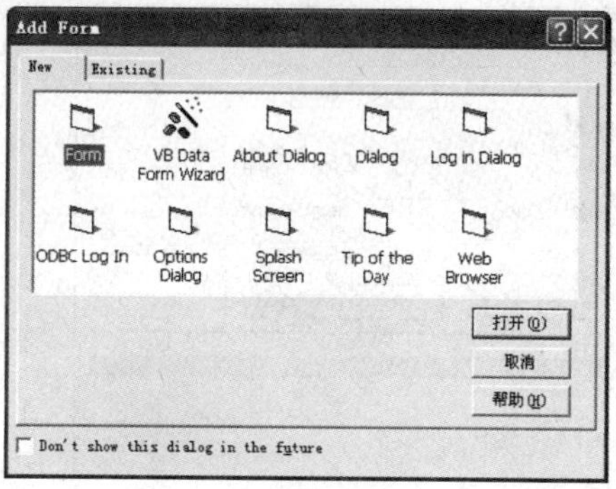

图 3.66

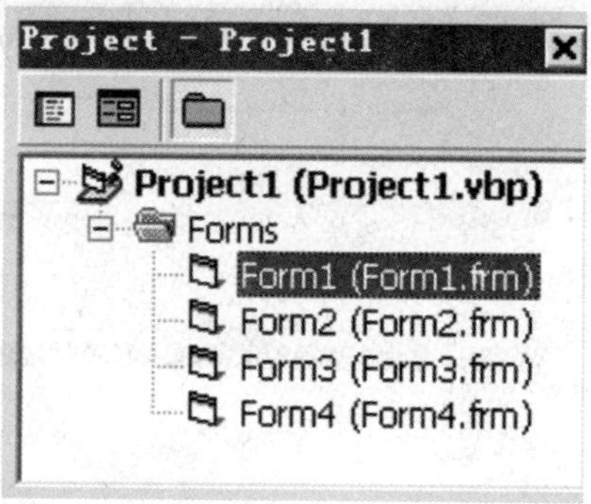

图 3.67

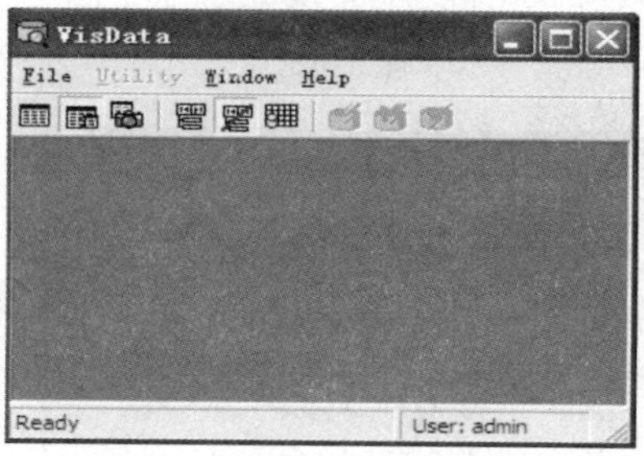

图 3.68

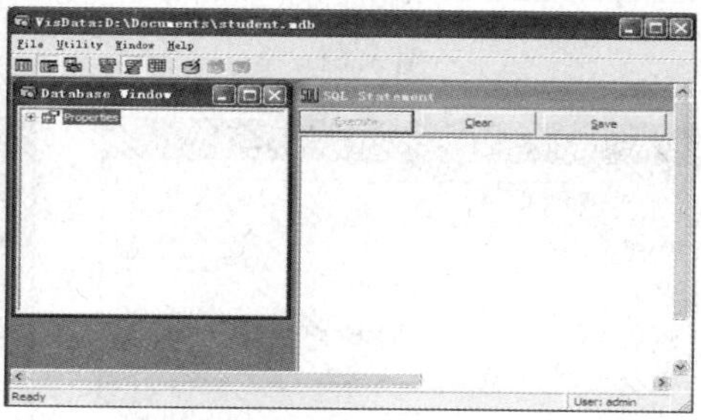

图 3.69

在数据库“Database Window”窗口中单击鼠标右键出现快捷菜单，如图 3.70 所示，选择“New Table”，建立“class”“inform”“score”三个表，表内容如图 3.71～图 3.73 所示。

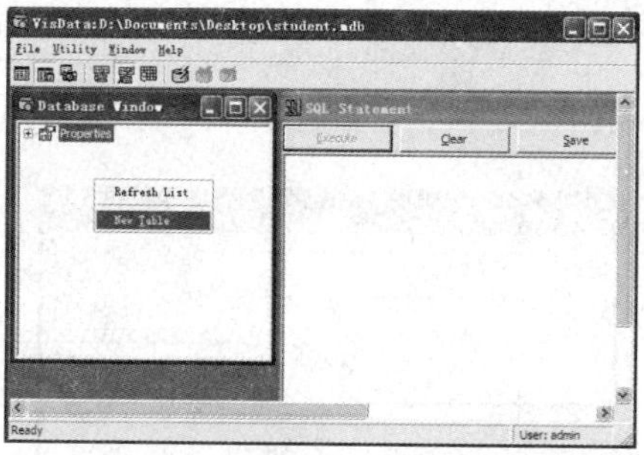

图 3.70

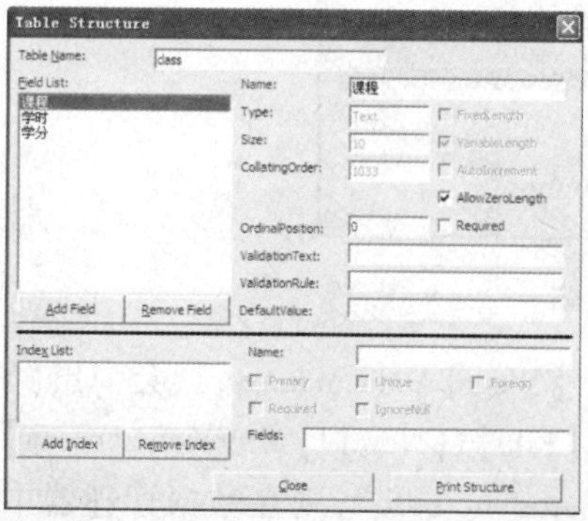

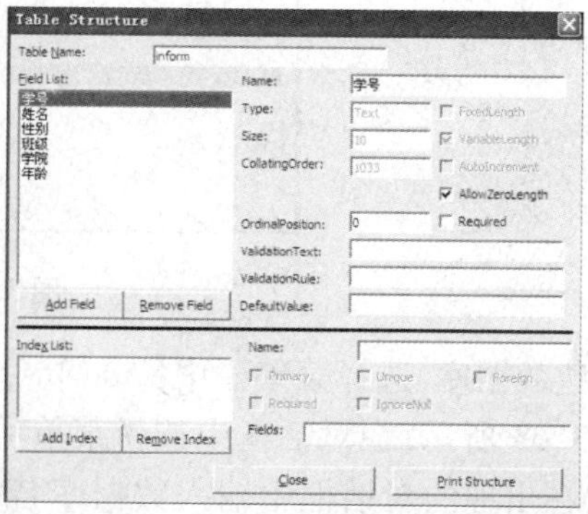

图 3.71

图 3.72

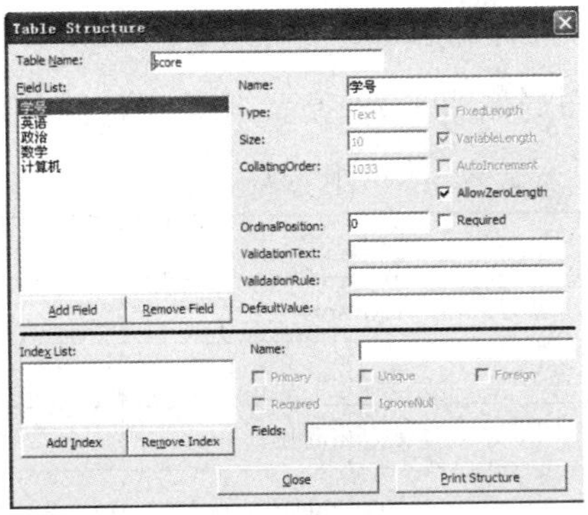

图 3.73

数据库“Database Window”窗口中双击“class”“inform”“score”三个表，为表添加记录，如图 3.74 ~ 图 3.76 所示。建立完数据库后，关闭“VisData”窗口。

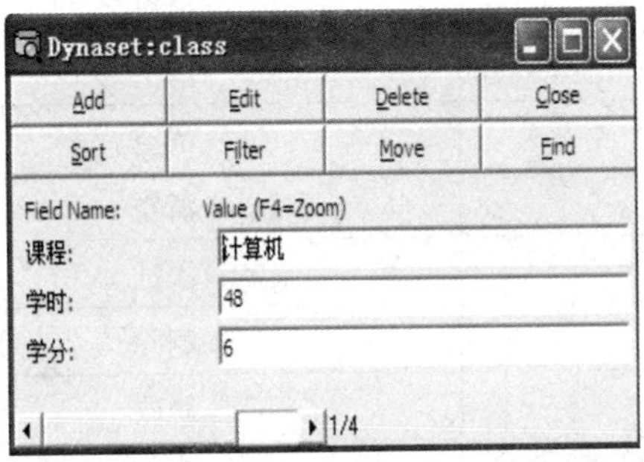

图 3.74

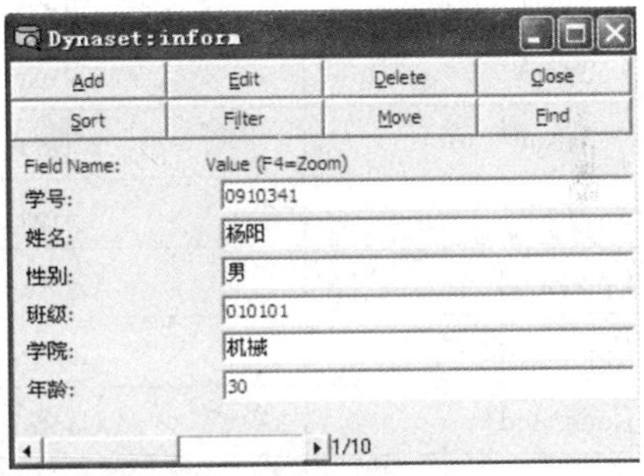

图 3.75

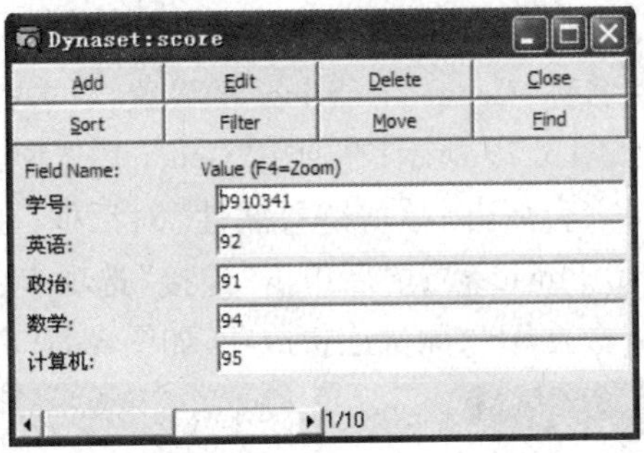

图 3.76

(6)单击窗体“Form1”，添加标签“Label”控件，窗体布局如图 3.77 所示，窗体中控件参数如表 3.8 所示。

表 3.8

控件名称	属性名称	属性值
Form1	Caption	学生信息管理
Label1	Caption	学生信息管理
Label2	Caption	沈阳理工大学

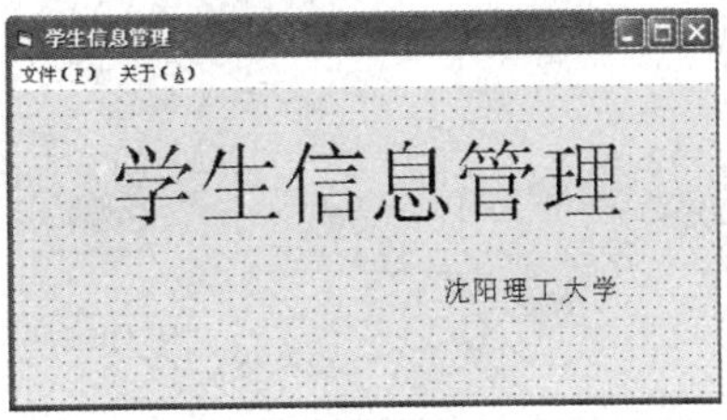

图 3.77

(7)单击窗体“Form2”,添加标签“Label”控件 A、“TextBox”控件、“CommandButton”控件、“Adodc”控件,窗体布局如图3.78所示,窗体中控件参数如表3.9所示。

表3.9

控件名称	属性名称	属性值
Form2	Caption	输入信息
Label1	Caption	学号
Label2	Caption	姓名
Label3	Caption	性别
Label4	Caption	年龄
Label5	Caption	学院
Text1	Text	清空
Text2	Text	清空
Text3	Text	清空
Text4	Text	清空
Text5	Text	清空
Command1	Caption	添加
Command2	Caption	删除
Command3	Caption	修改
Command4	Caption	退出
Adodc1	Caption	记录

其中控件“Adodc1”属性名称“ConnectionSring”的设置:点击右侧属性值框,会弹出属性页“Property Pages”对话框,如图3.79所示;在通用“General”选项卡中,选择“Use Connection String”,之后单击按钮“Build”,会弹出“数据链接属性”对话框,在“提供程序”选项卡下选择“Microsoft Jet 3.15 OLE DB Provider”;之后单击“连接”选项卡,在“选择输入数据库名称栏中找到刚建立好的student数据库”,测试连接成功,如图3.80和图3.81所示。

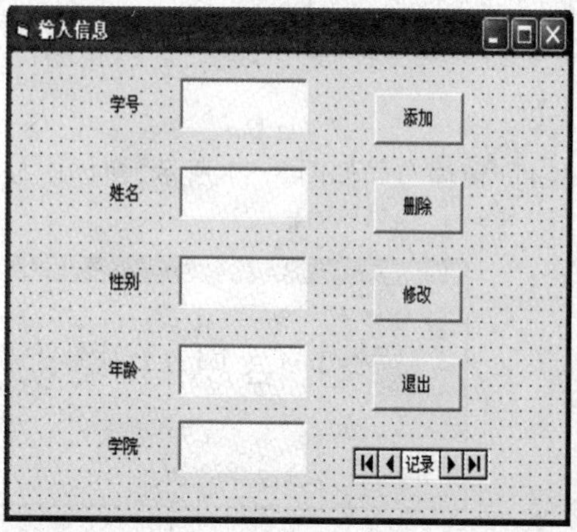

图3.78

图3.79

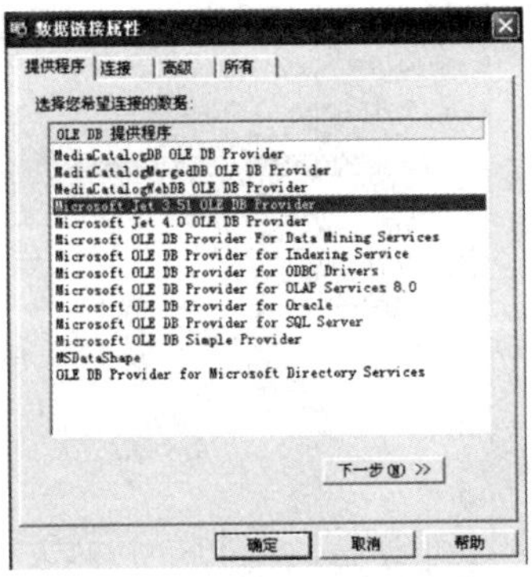

图 3.80

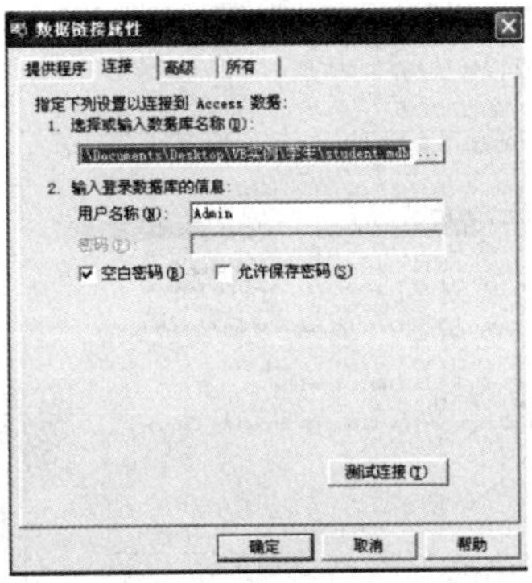

图 3.81

设置控件“Adodc1”的“RecordSource”属性:单击右侧的属性值栏,会弹出属性页对话框,如图 3.82 所示,在命令类型“Command Type”选择“2 - adCmdTable”,在“Table Stored Procedure Name”中选择“inform”数据表;之后设置窗体“Form2”上的“Text1”的“DataSource”的值为“Adodc1”,其“DataField”属性值为“学号”。同理设置 Text2 至 Text5。

图 3.82

(8)向窗体“Form3”中添加“Adodc”控件和“Datagrid”控件,布局如图 3.83 所示,设置窗体“Form3”的“Caption”属性为“显示”。

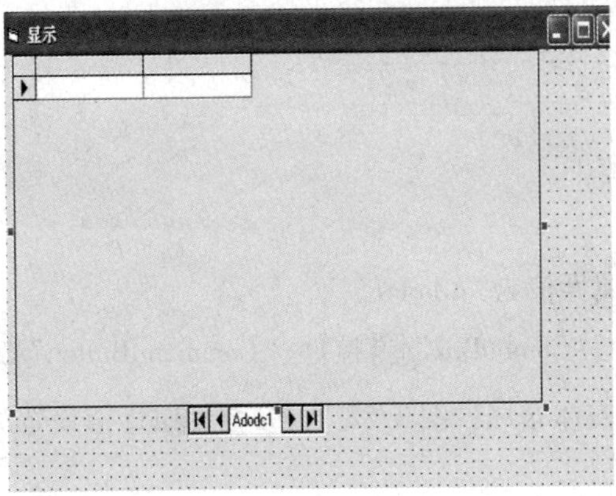

图 3.83

图 3.84

设置控件“Adodc1”属性名称“ConnectionSring”属性值:点击右侧属性值框,会弹出属性页“Property Pages”对话框,如图 3.84 所示,在通用“General”选项卡中,选择“Use Connection String”,之后单击按钮“Build”,会弹出“数据链接属性”对话框,在“提供程序”选项卡下选择“Microsoft Jet 3.15 OLE DB Provider”,之后单击“连接”选项卡,在“选择输入数据库名称栏中找到刚建立好的 student 数据库”,测试连接成功,如图 3.85 和图 3.86 所示。

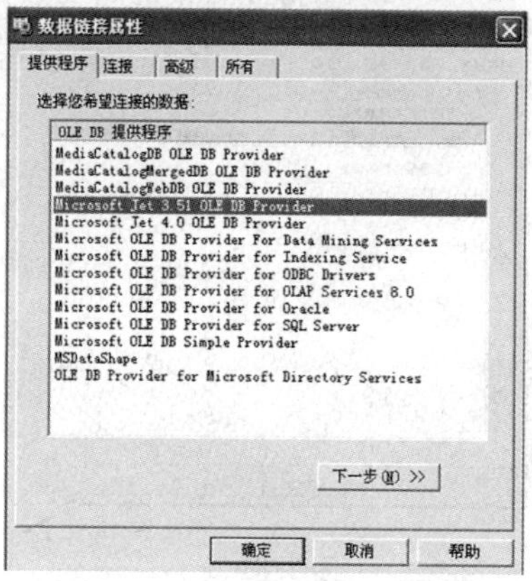

图 3.85

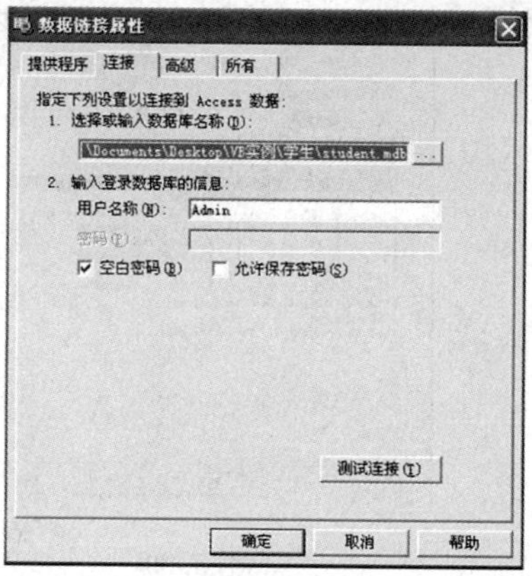

图 3.86

设置控件“Adodc1”的“RecordSource”属性:单击右侧的属性值栏,会弹出属性页对话框,如图 3.87 所示,在命令类型“Command Type”选择“2 - adCmdTable”,在“Table Stored Procedure Name”中选择“inform”数据表。

图 3.87

设置控件对象“Datagrid1”的“DataSource”属性值为“Adodc1”。

(9)向窗体“Form4”上添加“Label”A控件、“ComboBox”控件、“CommandButton”控件、“Adodc”控件和“PictureBox”控件,窗体布局如图 3.88 所示,控件属性值设置如表 3.10 所示。

设置控件“Adodc1”属性名称“ConnectionSring”属性值:点击右侧属性值框,会弹出属性页“Property Pages”对话框,如图 3.88 所示,在通用“General”选项卡中,选择“Use Connection String”,之后单击按钮“Build”,会弹出“数据链接属性”对话框,在“提供程序”选项卡下选择“Microsoft Jet 3.15 OLE DB Provider”,之后单击“连接”选项卡,在“选择输入数据库名称栏中找到刚建立好的 student 数据库”,测试连接成功。

设置控件“Adodc1”的“RecordSource”属性:单击右侧的属性值栏,会弹出属性页对话框,如图 3.89 所示,在命令类型“Command Type”选择“1 - adCmdText”

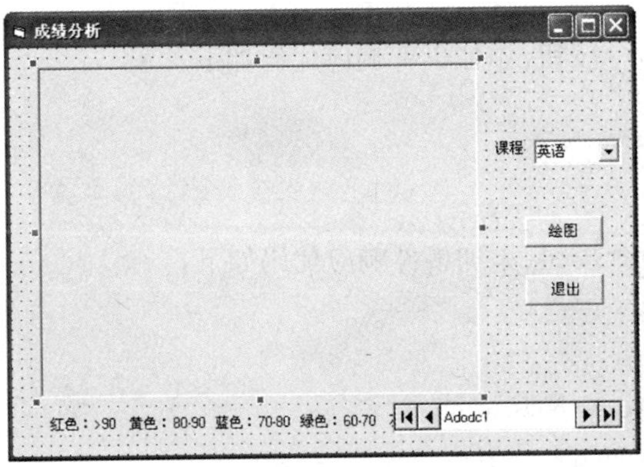

图 3.88

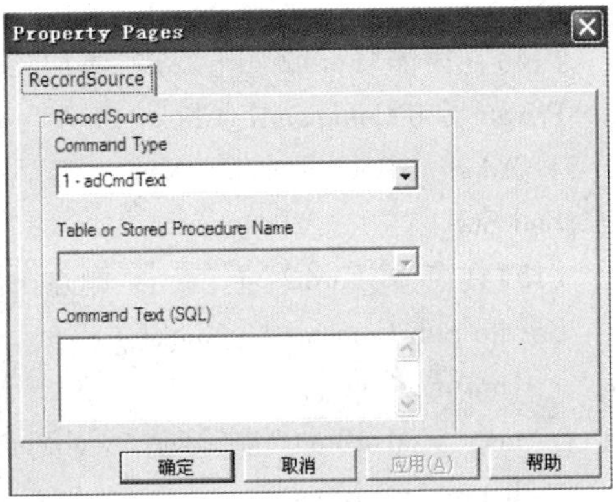

图 3.89

表 3.10

控件名称	属性名称	属性值
Form4	Caption	成绩分析
Command1	Caption	绘图
Command2	Caption	退出
Label1	Caption	课程
Label2	Caption	红色：>90；黄色：80－90；蓝色：70－80；绿色：60－70；灰色：<60
Combo1	Text	英语
Combo1	List	英语；政治；数学；计算机
Picture1	AutoRedraw	Ture

(10)在窗体“Form1”菜单栏，单击【文件】|【输入信息】命令，添加事件响应代码如下：

```
Private Sub input_Click()
    Form2. Show   '调用窗体 2
End Sub
```

(11)在窗体“Form1”菜单栏，单击【文件】|【读取信息】命令，添加事件响应代码如下：

```
Private Sub readinfor_Click()
    Form3. Show   '调用窗体 3
End Sub
```

(12)在窗体“Form1”菜单栏，单击【文件】|【报表显示】命令，添加事件响应代码如下：

```
Private Sub imag_Click()
    Form4. Show   '调用窗体 4
End Sub
```

(13)在窗体“Form1”菜单栏，单击【关于】命令，添加事件响应代码如下：

```
Private Sub about_Click()
    MsgBox "学生信息管理 1.0 版本", vbOKOnly, "学生信息管理"
```

```
End Sub
```

(14)在窗体“Form2”上,双击“添加”命令按钮,添加事件响应代码如下:

```
Private Sub Command1_Click( )
    Adodc1. Recordset. AddNew
End Sub
```

(15)在窗体“Form2”上,双击“删除”命令按钮,添加事件响应代码如下:

```
Private Sub Command2_Click( )
    Dim msg
    msg = MsgBox("删除吗?", vbYesNo, "删除记录")
    If msg = vbYes Then
        Adodc1. Recordset. Delete
        Adodc1. Recordset. MoveNext
    End If
End Sub
```

(16)在窗体“Form2”上,双击“修改”命令按钮,添加事件响应代码如下:

```
Private Sub Command3_Click( )
    Adodc1. Recordset. Update
End Sub
```

(17)在窗体“Form2”上,双击“退出”命令按钮,添加事件响应代码如下:

```
Private Sub Command4_Click( )
    Unload Me
    Form1. Show
End Sub
```

(18)在窗体“Form4”上,双击“绘图”命令按钮,添加事件响应代码如下:

```
Private Sub Command1_Click( )
    Picture1. Cls
    Const PI = 3. 1415926
    Dim sqlstring As String
    Dim a, b, c, d, e As Single
    Dim r, max_x, max_y As Single
    Dim sum As Single
    If Combo1. Text = "政治" Then
        sqlstring = " SELECT inform. 姓名, score. 政治, score. 学号 FROM score, inform
WHERE( inform. 学号 = score. 学号 )"
    ElseIf Combo1. Text = "英语" Then
        sqlstring = " SELECT inform. 姓名, score. 英语, score. 学号 FROM score, inform
WHERE( inform. 学号 = score. 学号 )"
    ElseIf Combo1. Text = "数学" Then
        sqlstring = " SELECT inform. 姓名, score. 数学, score. 学号 FROM score, inform
WHERE( inform. 学号 = score. 学号 )"
```

```
        Else: sqlstring = "SELECT inform.姓名,score.计算机,score.学号 FROM score, inform WHERE( inform.学号=score.学号 )"
        End If
        Adodc1.RecordSource = sqlstring
        Adodc1.Refresh
        sum = Adodc1.Recordset.RecordCount    '总记录数
        Adodc1.RecordSource = sqlstring & "AND (score.英语> cstr(90) )"
        Adodc1.Refresh
        a = Adodc1.Recordset.RecordCount    '满足条件记录数
        Adodc1.RecordSource = sqlstring & "AND (score.英语 <cstr(90)) AND (score.英语 >cstr(80))"
        Adodc1.Refresh
        b = Adodc1.Recordset.RecordCount    '满足条件记录数
        Adodc1.RecordSource = sqlstring & "AND (score.英语 <cstr(80)) AND (score.英语 >CStr(70))"
        Adodc1.Refresh
        c = Adodc1.Recordset.RecordCount    '满足条件记录数
        Adodc1.RecordSource = sqlstring & "AND (score.英语 <CStr(70)) AND (score.英语 >CStr(60))"
        Adodc1.Refresh
        d = Adodc1.Recordset.RecordCount    '满足条件记录数
        Adodc1.RecordSource = sqlstring & "AND (score.英语 <CStr(60))"
        Adodc1.Refresh
        e = Adodc1.Recordset.RecordCount
        a = a / sum                    '计算成绩百分比
        b = b / sum
        c = c / sum
        d = d / sum
        e = e / sum
        Picture1.FillStyle = 0
        max_x = Picture1.Width / 2        '计算绘图最大范围
        max_y = Picture1.Height / 2
        r = max_x - 200
        If a <> 0 And b <> 0 And c <> 0 And d <> 0 Then
          Picture1.FillColor = vbRed      '绘图
          Picture1.Circle (max_x, max_y), r, , -2 * PI, -2 * PI * a, 2 / 3
          Picture1.FillColor = vbYellow
          Picture1.Circle (max_x, max_y), r, , -2 * PI * a, -2 * PI * (a + b), 2 / 3
          Picture1.FillColor = vbBlue
          Picture1.Circle (max_x, max_y), r, , -2 * PI * (a + b), -2 * PI * (a +
```

```
b + c), 2 / 3
        Picture1.FillColor = vbGreen
        Picture1.Circle (max_x, max_y), r, , -2 * PI * (a + b + c), -2 * PI *
(a + b + c + d), 2 / 3
        Picture1.FillColor = vbCyan
        Picture1.Circle (max_x, max_y), r, , -2 * PI * (a + b + c + d), -2 *
PI, 2 / 3
      End If
   End Sub
```

(19)在窗体“Form4”上,双击“退出”命令按钮,添加事件响应代码如下:

```
Private Sub Command2_Click()
   Unload Me
End Sub
```

(20)编译调试程序。

实例9　绘制曲线

＊实例运行效果及功能说明

本实例主要讲解如何使用“Picture”控件、进度条“HscrollBar”控件、选项“OptionButton”控件进行曲线绘制,程序功能要求可以实现正弦曲线、随机曲线的绘制。程序运行界面如图3.90所示。

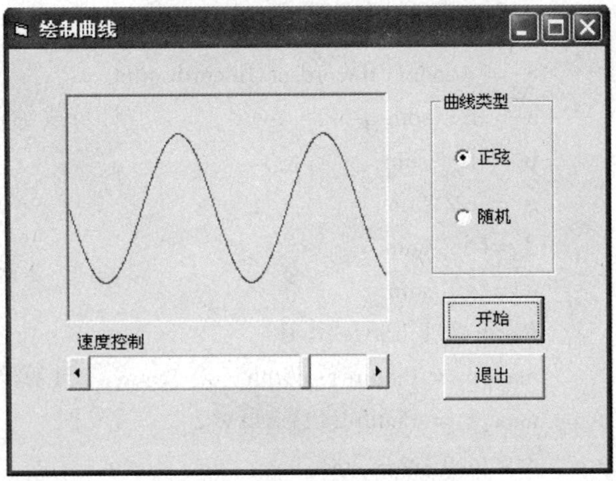

图3.90

＊学习要点说明

(1)“Picture”控件的应用;

(2)进度条“HscrollBar”控件的应用;

(3)选项“OptionButton”控件的应用;

(4)“Frame”控件的应用;

(5)正弦函数、随机函数的应用;

(6)定时器控件的应用。

＊编程步骤详解

(1)在Windows【开始】菜单中单击“Microsoft Visual Basic 6.0”应用程序,会弹出对话框如图3.91所示,选择“Standard EXE”项,然后单击“打开”按钮,这样就建立了一个新的工程。

(2)在窗体“Form1”上添加“Picture”控件、进度条“HscrollBar”控件、选项“OptionButton”控件、“Frame”控件、按钮“CommandButton”控件、“Label”控件、定时器控件,窗体布局如图3.92所示,窗体上各控件属性设置如表3.11所示。

图 3.91

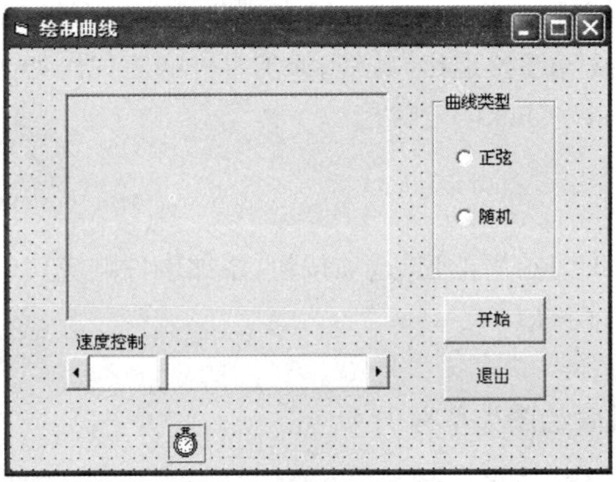

图 3.92

表 3.11

控件名称	属性名称	属性值
Form1	Caption	绘制曲线
Picture1	AutoRedraw	Ture
Frame1	Caption	曲线类型
Option1	Caption	正弦
Option2	Caption	随机
Command1	Caption	开始
Command2	Caption	退出
Label1	Caption	速度控制
Timer1	Interval	40
HScroll1	Max Value SmallChange	100 25 2

(3)在窗体“Form1”代码区顶端定义模块级变量,代码如下:

```
Dim flag, mark, speed, i As Integer
```

(4)双击窗体“Form1”上的“开始”按钮,添加事件响应代码如下:

```
Private Sub Command1_Click()
   If mark = 0 Then
     mark = 1
     Command1.Caption = "停止"   '设置按钮状态
     Timer1.Enabled = True      '启动定时器
   Else
     Command1.Caption = "开始"   '设置按钮状态
     Timer1.Enabled = False      '关闭定时器
     mark = 0
   End If
End Sub
```

(5)双击窗体“Form1”上的“退出”按钮,添加事件响应代码如下:

```
Private Sub Command2_Click()
   Unload Me
End Sub
```

(6)双击窗体“Form1”上的“正弦”选项按钮,添加事件响应代码如下:

```
Private Sub Option1_Click()
   Picture1.Cls   '清屏
   flag = 0     '设置绘图类型标识
   i = 0
End Sub
```

(7)双击窗体“Form1”上的“随机”选项按钮,添加事件响应代码如下:

```
Private Sub Option2_Click()
   Picture1.Cls   '清屏
   flag = 1     '设置绘图类型标识
   i = 0
End Sub
```

(8)双击窗体“Form1”上的“HscrollBar”控件,添加事件响应代码如下:

```
Private Sub HScroll1_Change()
   Timer1.Interval = 1000 / HScroll1.Value   '设置定时器中断时间
End Sub
```

(9)在窗体“Form1”代码区添加定时器“Timer1”控件对象的“Timer”事件响应代码如下,如图3.93所示:

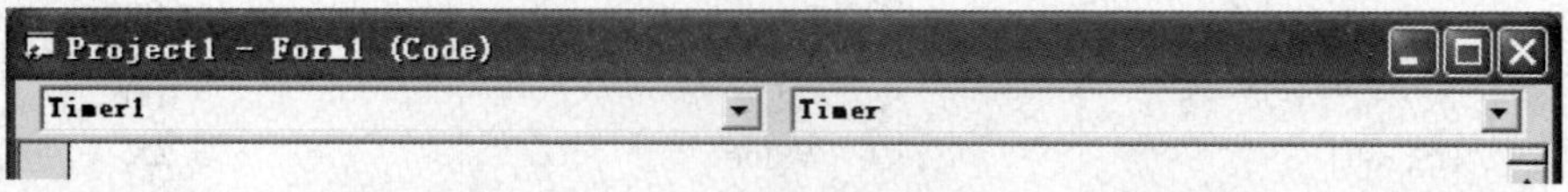

图3.93

```
Private Sub Timer1_Timer()
    Static x, y
    Dim scaley As Single
    scaley = Picture1.ScaleHeight / 3        '设置绘图范围
    If flag = 0 Then
        Picture1.CurrentX = 0
        Picture1.CurrentY = Picture1.ScaleHeight / 2
        i = i + 1
        x = i / 180 * scaley
        y = Sin(3.14 / 180 * i) * scaley    '计算正弦曲线绘图坐标点
        Picture1.PSet Step(x, y), vbRed    '绘图
    Else
        Picture1.CurrentX = x
        Picture1.CurrentY = y
        i = i + 30
        x = i
        y = Rnd() * Picture1.ScaleHeight    '计算随机曲线绘图坐标点
        Picture1.Line (Picture1.CurrentX, Picture1.CurrentY) - (x, y) 绘图
    End If
End Sub
```

(10)编译调试程序。

实例10 下雪动画

＊实例运行效果及功能说明

本实例主要讲解如何利用随机函数、数组及画点函数在窗体上绘制出下雪动画，如图3.94所示，程序功能要求雪片下落有一定加速度，单击鼠标左键退出程序。

图3.94

＊学习要点说明

(1)随机函数的应用;

(2)数组的应用;

(3)鼠标事件的响应应用;

(4)画点函数的应用。

＊编程步骤详解

(1)在 Windows【开始】菜单中点击“Microsoft Visual Basic 6.0”应用程序,会弹出对话框如图 3.95 所示,选择“Standard EXE”项,然后单击“打开”按钮,这样就建立了一个新的工程。

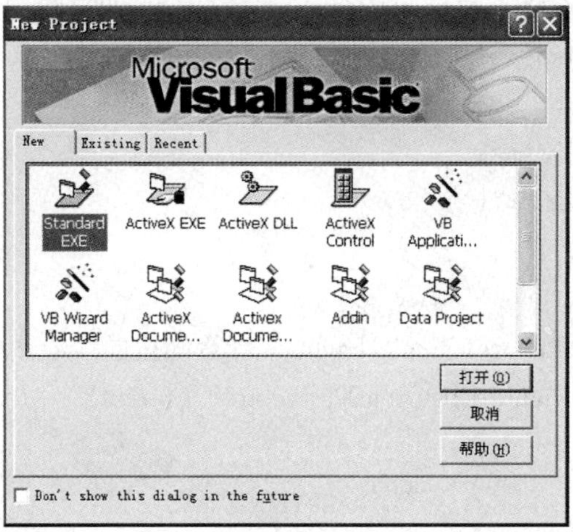

图 3.95

(2)设置窗体“Form1”的属性如表 3.12 所示。

表 3.12

控件名称	属性名称	属性值
Form1	Caption BackColor ForeColor WindowState	下雪 黑色 白色 2 - Maximize

(3)在窗体“Form1”代码区顶端,定义模块级变量,代码如下:

```
Dim Snow(1000, 2), speed, large As Integer
```

(4)双击窗体“Form1”,添加窗体加载事件,代码如下:

```
Private Sub Form_Load()
    Form1.Show      '显示窗体
    DoEvents
    Randomize       '调用随机函数
```

```
    speed = 1000  '雪落下的速度
    large = 1000  '雪的密度
    For J = 1 To large
      Snow(J, 0) = Int(Rnd * Form1.Width)  '雪花的横坐标
      Snow(J, 1) = Int(Rnd * Form1.Height)  '雪花的纵坐标
      Snow(J, 2) = 30 + (Rnd * speed)   '雪花的落下速度
    Next J
    Do While Not (DoEvents = 0)
      For I = 1 To large
         pre_x = Snow(I, 0)
         pre_y = Snow(I, 1)
         Snow(I, 1) = Snow(I, 1) + Snow(I, 2)
         If Snow(I, 1) > Form1.Height Then
            Snow(I, 1) = 0
            Snow(I, 2) = 30 + (Rnd * speed)
            Snow(I, 0) = Int(Rnd * Form1.Width)
            pre_x = 0
            pre_y = 0
         End If
         PSet (pre_x, pre_y), RGB(0, 0, 0)  '清除上一次雪花
         PSet (Snow(I, 0), Snow(I, 1)), RGB(255, 255, 255)  '画雪花点
      Next I
    Loop
    End
End Sub
```

(5)在窗体"Form1"代码区,添加窗体鼠标按下响应事件,如图3.96所示,响应代码如下:

图3.96

```
Private Sub Form_MouseDown(Button As Integer, Shift As Integer, X As Single, Y As Single)
    Unload Me  '卸载窗体
End Sub
```

(6)编译调试程序。

实例 11　记 事 本

＊实例运行效果及功能说明

本实例主要讲解如何使用菜单、通用对话框“CommonDialog”控件、文本“RichTextBox”控件，建立记事本文档，要求程序可以实现“新建”、“打开”、“保存”、“打印”、“字体选择”、“查找”、“查找下一个”等功能，程序运行界面如图 3.97 所示。

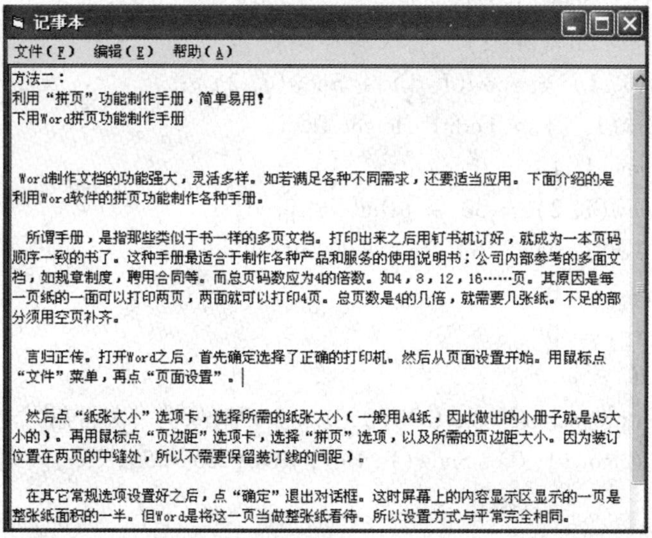
记事本
文件(F)　编辑(E)　帮助(A)
方法二：
利用“拼页”功能制作手册，简单易用！
下用Word拼页功能制作手册
Word制作文档的功能强大，灵活多样。如若满足各种不同需求，还要适当应用。下面介绍的是利用Word软件的拼页功能制作各种手册。
所谓手册，是指那些类似于书一样的多页文档。打印出来之后用钉书机订好，就成为一本页码顺序一致的书了。这种手册最适合于制作各种产品和服务的使用说明书；公司内部参考的多面文档，如规章制度，聘用合同等。而总页码数应为4的倍数。如4，8，12，16……页。其原因是每一页纸的一面可以打印两页，两面就可以打印4页。总页数是4的几倍，就需要几张纸。不足的部分须用空页补齐。
言归正传。打开Word之后，首先确定选择了正确的打印机。然后从页面设置开始。用鼠标点“文件”菜单，再点“页面设置”。
然后点“纸张大小”选项卡，选择所需的纸张大小（一般用A4纸，因此做出的小册子就是A5大小的）。再用鼠标点“页边距”选项卡，选择“拼页”选项，以及所需的页边距大小。因为装订位置在两页的中缝处，所以不需要保留装订线的间距）。
在其它常规选项设置好之后，点“确定”退出对话框。这时屏幕上的内容显示区显示的一页是整张纸面积的一半。但Word是将这一页当做整张纸看待。所以设置方式与平常完全相同。

图 3.97

＊学习要点说明

(1)设置菜单的应用；

(2)通用对话框“CommonDialog”控件的应用；

(3)文本“RichTextBox”控件的应用；

(4)消息对话框的应用。

＊编程步骤详解

(1)在 Windows【开始】菜单中点击“Microsoft Visual Basic 6.0”应用程序，会弹出对话框如图 3.98 所示，选择“Standard EXE”项，然后单击“打开”按钮，这样就建立了一个新的工程。

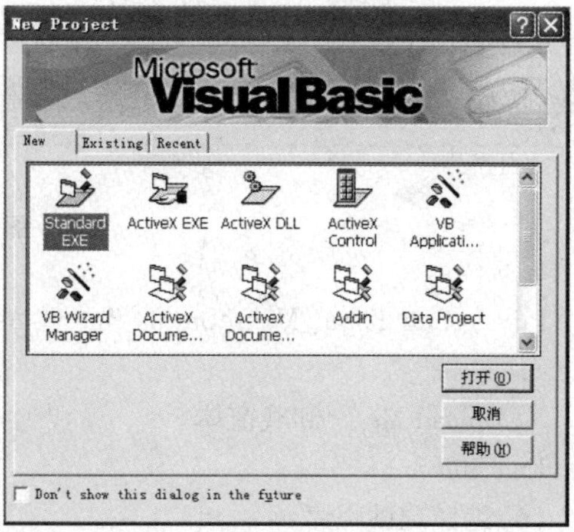
New Project
Microsoft Visual Basic
New
Existing
Recent
Standard EXE
ActiveX EXE
ActiveX DLL
ActiveX Control
VB Applicati...
VB Wizard Manager
ActiveX Docume...
ActiveX Docume...
Addin
Data Project
打开(O)
取消
帮助(H)
Don't show this dialog in the future

图 3.98

(2)点击菜单栏中的【Project】|【Components】命令，会弹出【Components】组件

对话框,在列表框中选择组件“Microsoft common dialog control 6.0”及“Microsoft Rich Textbox Control 6.0”后,单击确定,这样“CommonDialog”控件 和“RichTextBox”控件 就添加到了工具栏中,如图 3.99 所示。

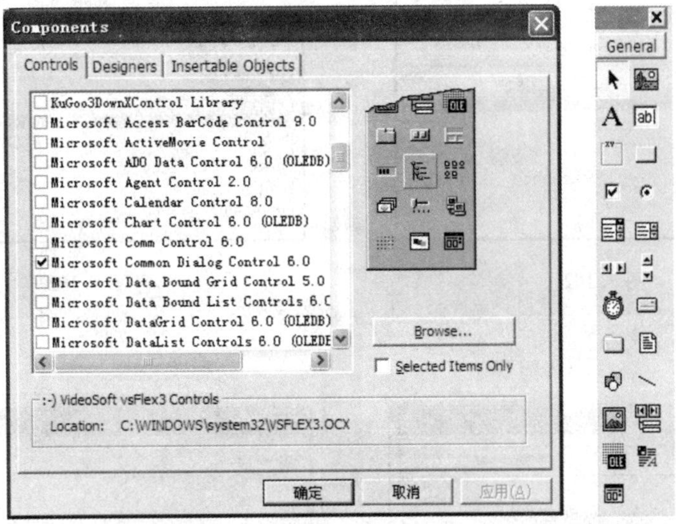

图 3.99

(3)点击菜单栏中的【Tools】|【Menu Editor】命令,会弹出【Menu Editor】对话框,建立一级子菜单“Caption”值为“文件”,“Name”值为“file”,如图 3.100 所示;之后单击“Next”建立新菜单命令,同时单击 按钮使新建菜单命令为二级子菜单命令,二级菜单“Caption”值为“新建”,“Name”值为“new”,快捷方式“Shortcut”值为“Ctrl + N”,如图 3.101 所示;接着建立二级子菜单命令为“打开”、分割线“ - ”、“打印”、“字体”、“保存”、分割线“ - ”、“退出”;再建立一级子菜单“Caption”值为“编辑”,“Name”值为“edit”,建立二级子菜单命令为“查找”、“查找下一个”;再建立一级子菜单“Caption”值为“帮助”,“Name”值为“about”,如图 3.102 ~ 图 3.112 所示。

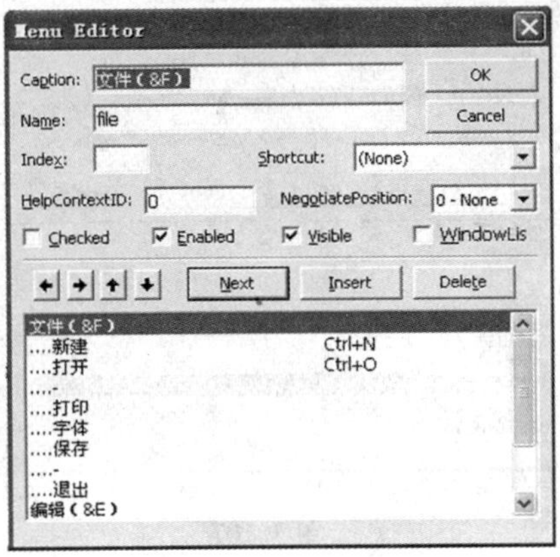

图 3.100

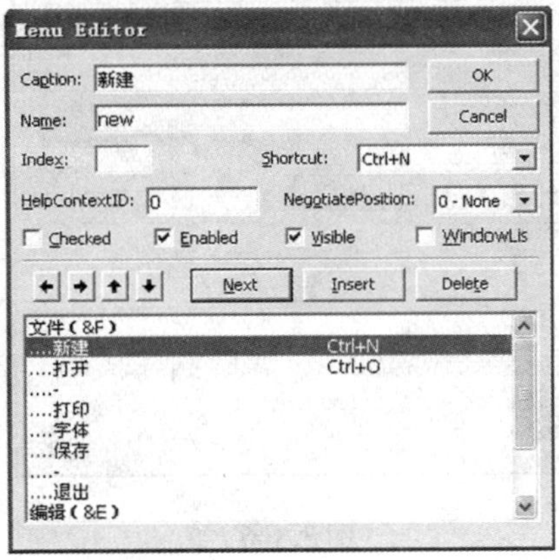

图 3.101

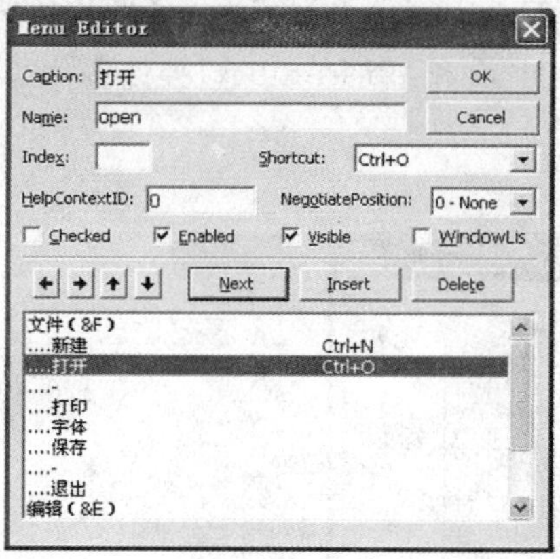

图 3.102

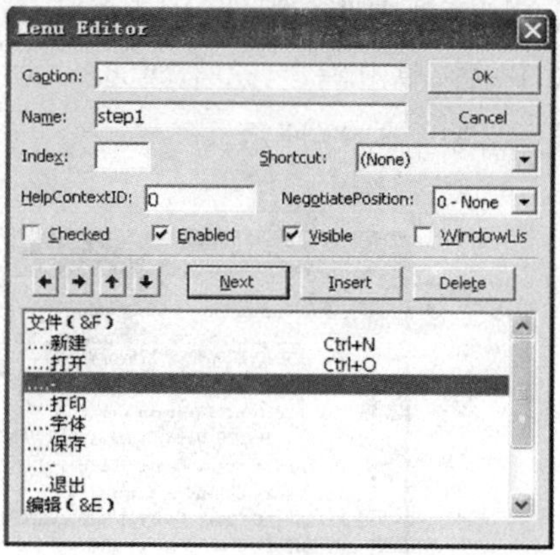

图 3.103

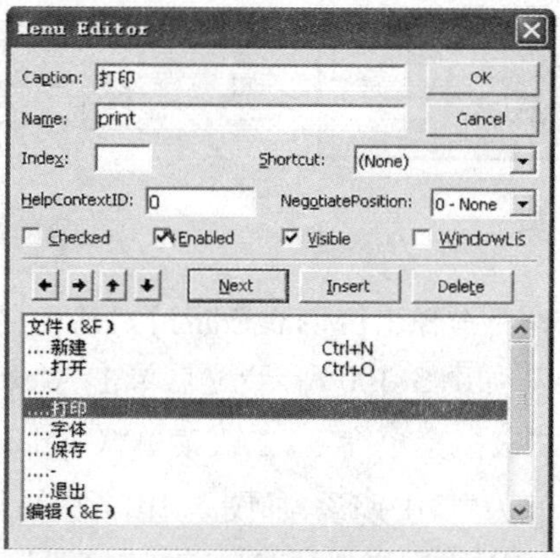

图 3.104

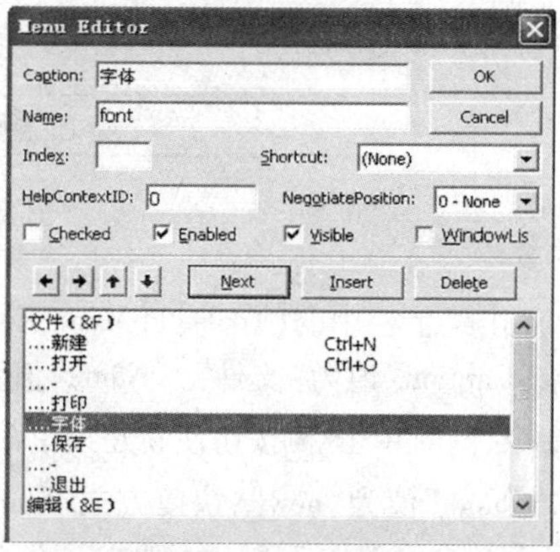

图 3.105

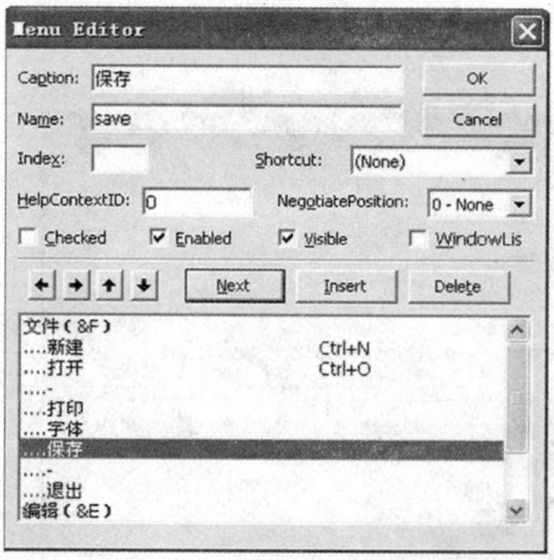

图 3.106

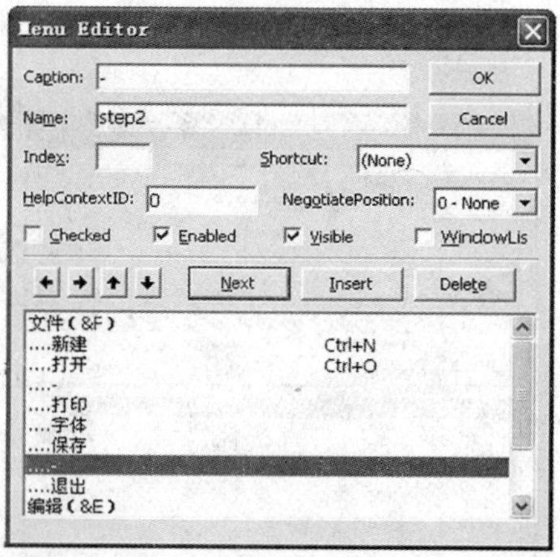

图 3.107

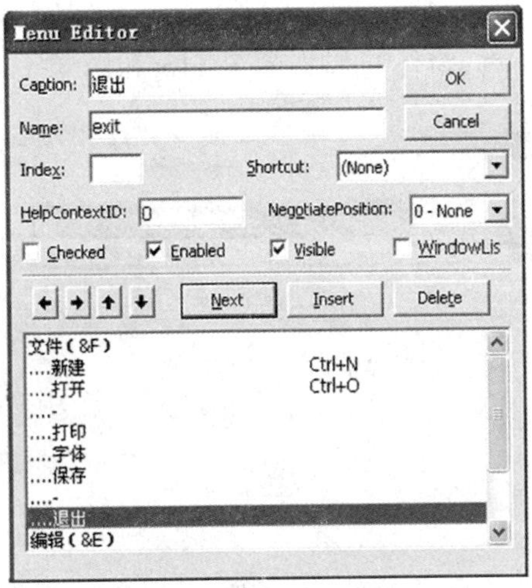

图 3.108

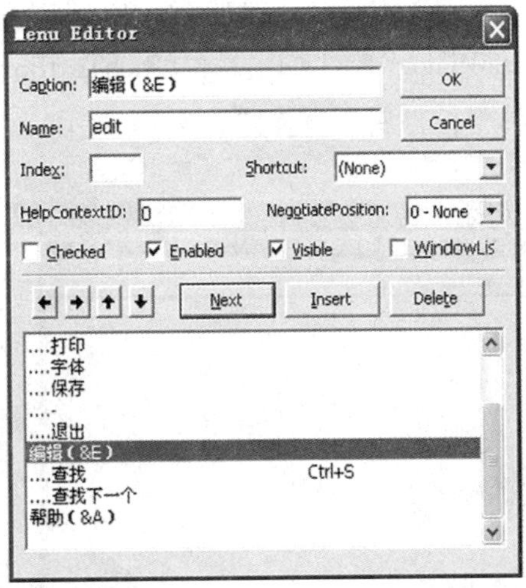

图 3.109

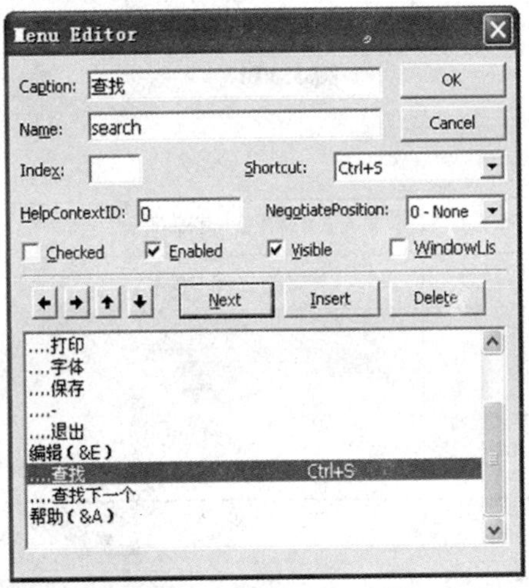

图 3.110

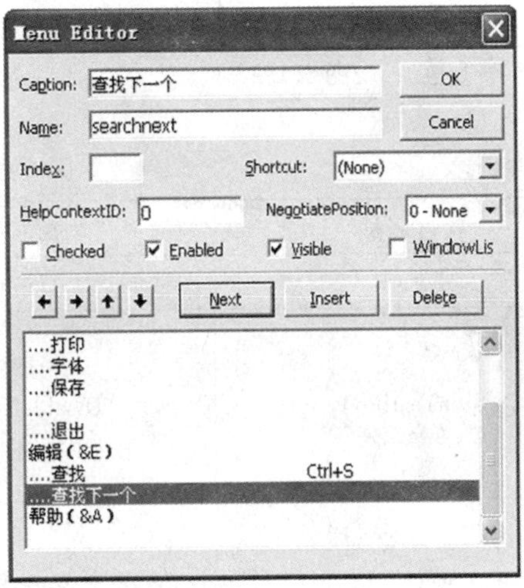

图 3.111

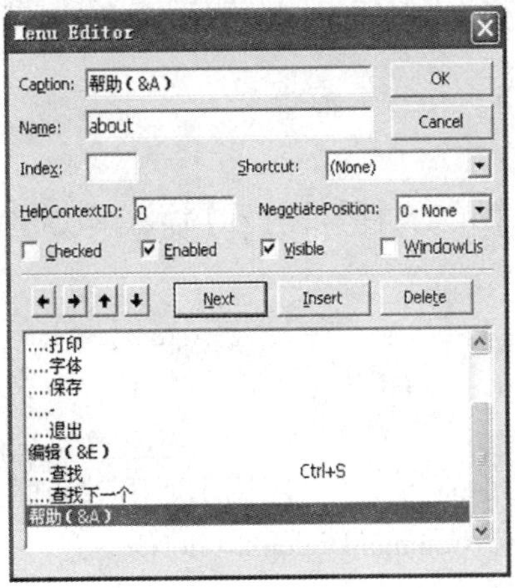

图 3.112

(4)设置窗体“Form1”的“Caption”属性值为“记事本”,向窗体“Form1”上添加对话框“CommonDialog”控件、文本“RichTextBox”控件,窗体布局如图 3.113 和图 3.114 所示,窗体上控件属性设置如表 3.13 所示。

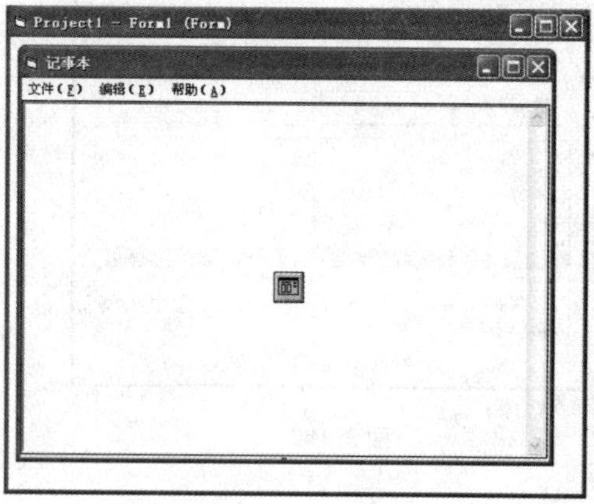

图 3.113

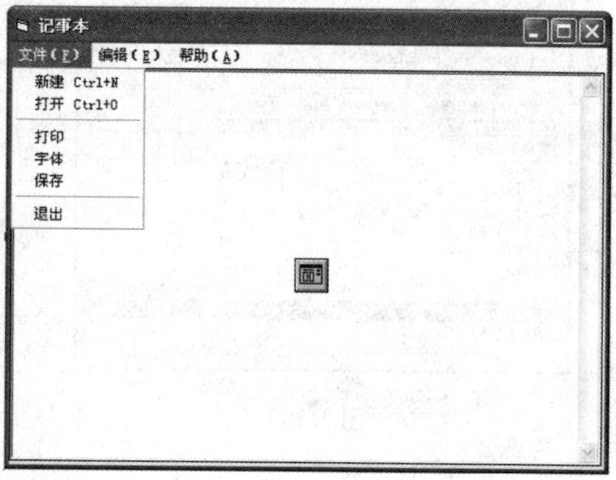

图 3.114

表 3.13

控件名称	属性名称	属性值
Form1	Caption	记事本
RichTextBox1	Text DisableNoScroll DataFormatScrollBars	清空 Ture General 2 - rtfVertical

(5)在窗体“Form1”代码区顶端定义全局变量,代码如下:

```
Public Find As String
```

(6)单击窗体“Form1”上菜单【文件】|【新建】命令,添加事件响应代码如下:

```
Private Sub new_Click( )
    RichTextBox1. Text  =  " "    '文本框清空
End Sub
```

(7)单击窗体“Form1”上菜单【文件】|【打开】命令,添加事件响应代码如下:

```
Private Sub open_Click( )
    With CommonDialog1
      . Filter  =  "TXT 文件( * . txt) | * . txt"    '设置打开文件类型
    End With
    CommonDialog1. ShowOpen                '调用通用对话框
    RichTextBox1. LoadFile (CommonDialog1. FileName)    '打开显示文件
End Sub
```

(8)单击窗体“Form1”上菜单【文件】|【打印】命令,添加事件响应代码如下:

```
Private Sub print_Click( )
   CommonDialog1. Flags = cdlPDReturnDC + cdlPDNoPageNums  '设置打印标识
   If RichTextBox1. SelLength = 0 Then
      CommonDialog1. Flags = CommonDialog1. Flags + cdlPDAllPages
   Else
      CommonDialog1. Flags = CommonDialog1. Flags + cdlPDSelection
   End If
   CommonDialog1. ShowPrinter  '调用通用对话框
   RichTextBox1. SelPrint CommonDialog1. hDC
End Sub
```

(9)单击窗体“Form1”上菜单【文件】|【字体】命令,添加事件响应代码如下:

```
Private Sub font_Click( )
   CommonDialog1. Flags = cdlCFBoth + cdlCFEffects
   CommonDialog1. ShowFont  '调用通用对话框选择字体
   With RichTextBox1        '设置字体格式
      . SelFontName = CommonDialog1. FontName
      . SelFontSize = CommonDialog1. FontSize
      . SelBold = CommonDialog1. FontBold
      . SelItalic = CommonDialog1. FontItalic
      . SelStrikeThru = CommonDialog1. FontStrikethru
      . SelUnderline = CommonDialog1. FontUnderline
   End With
End Sub
```

(10)单击窗体“Form1”上菜单【文件】|【保存】命令,添加事件响应代码如下:

```
Private Sub save_Click( )
   With CommonDialog1
      . Filter = "TXT 文件( * . txt) | * . txt"  '设置保存类型
      . DefaultExt = "txt"
   End With
   CommonDialog1. ShowSave  '调用通用对话框
   RichTextBox1. SaveFile (CommonDialog1. FileName)  '保存文件
End Sub
```

(11)单击窗体“Form1”上菜单【文件】|【退出】命令,添加事件响应代码如下:

```
Private Sub exit_Click( )
   Unload Me
End Sub
```

(12)单击窗体“Form1”上菜单【编辑】|【查找】命令,添加事件响应代码如下:

```
Private Sub search_Click( )
   Find = InputBox("请输入要查找的内容", , Find)
   RichTextBox1. Find Find
```

```
End Sub
```

(13)单击窗体“Form1”上菜单【编辑】|【查找下一个】命令,添加事件响应代码如下:

```
Private Sub searchnext_Click()
    RichTextBox1.SelStart = RichTextBox1.SelStart + RichTextBox1.SelLength + 1
    RichTextBox1.Find Find, , Len(RichTextBox1)
End Sub
```

(14)单击窗体“Form1”上菜单【帮助】命令,添加事件响应代码如下:

```
Private Sub about_Click()
    MsgBox "1.0 版本", , "记事本程序"
End Sub
```

(15)在窗体“Form1”上添加窗体尺寸改变“Resize”事件,如图 3.115 所示,添加代码如下:

```
Private Sub Form_Resize()
    RichTextBox1.Width = Form1.Width   '重新设置控件尺寸
    RichTextBox1.Height = Form1.Height
End Sub
```

图 3.115

(16)编译调试程序。

实例 12　Shape 图形

＊实例运行效果及功能说明

本实例主要讲解如何使用“Shape”控件  、“Frame”控件  、选项“OptionButton”控件  实现常用图形绘制,程序功能可实现形状选择、填充样式设置、边框类型设置等功能,程序运行界面如图 3.116 所示。

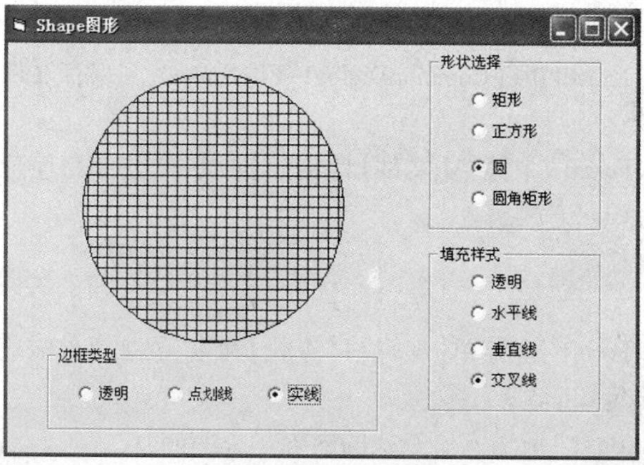

图 3.116

＊**学习要点说明**

(1)“Shape”控件的应用；

(2)“Frame”控件的应用；

(3)选项“OptionButton”控件的应用；

(4)控件数组的应用。

＊**编程步骤详解**

(1)在Windows【开始】菜单中点击“Microsoft Visual Basic 6.0”应用程序，会弹出对话框如图3.117所示，选择“Standard EXE”项，然后单击“打开”按钮，这样就建立了一个新的工程。

图3.117

(2)在窗体“Form1”上添加“Shape”控件、“Frame”控件、选项“OptionButton”控件，窗体布局如图3.118所示，窗体中控件属性设置如表3.14所示。

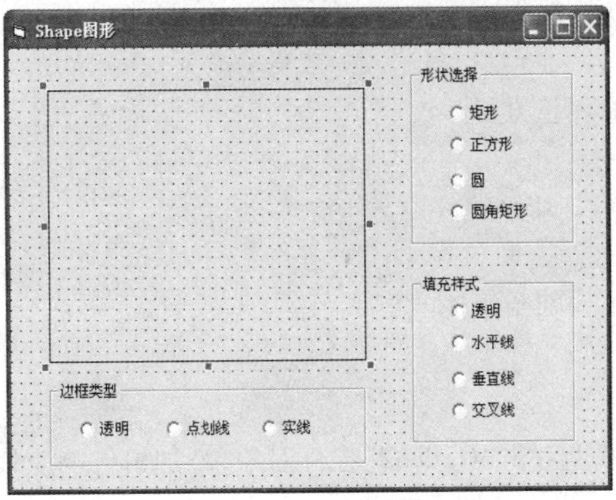

图3.118

表 3.14

控件名称	属性名称	属性值
Form1	Caption	Shape 图形
Shape1	Shape	0 – Rectangle
Frame1	Caption	形状选择
Frame2	Caption	填充样式
Frame3	Caption	边框类型
Option1(0)	Caption	矩形
Option1(1)	Caption	正方形
Option1(2)	Caption	圆
Option1(3)	Caption	圆角矩形
Option2(0)	Caption	透明
Option2(1)	Caption	水平线
Option2(2)	Caption	垂直线
Option2(3)	Caption	交叉线
Option3(0)	Caption	透明
Option3(1)	Caption	点划线
Option3(2)	Caption	实线

(3)在窗体“Form1”上双击“Option1”控件对象,添加事件响应代码:

```
Private Sub Option1_Click(Index As Integer)
Select Case Index
Case 0
Shape1. Shape = 0  '矩形
Case 1
Shape1. Shape = 1  '正方形
Case 2
Shape1. Shape = 3  '圆
Case 3
Shape1. Shape = 4  '圆角矩形
End Select
End Sub
```

(4)在窗体“Form1”上双击“Option2”控件对象,添加事件响应代码:

```
Private Sub Option2_Click(Index As Integer)
Select Case Index
Case 0
```

```
Shape1.FillStyle = 1  '透明
Case 1
Shape1.FillStyle = 2  '水平线
Case 2
Shape1.FillStyle = 3  '垂直线
Case 3
Shape1.FillStyle = 6  '交叉线
End Select
End Sub
```

(5)在窗体“Form1”上双击“Option3”控件对象,添加事件响应代码:

```
Private Sub Option3_Click(Index As Integer)
Shape1.BorderWidth = 1
Select Case Index
Case 0
Shape1.BorderStyle = 0  '透明
Case 1
Shape1.BorderStyle = 3  '点划线
Case 2
Shape1.BorderStyle = 1  '实线
End Select
End Sub
```

(6)编译调试程序。

实例 13　MP3 播放器

＊实例运行效果及功能说明

本实例主要讲解如何使用“MediaPlayer”控件、“DirListBox”控件、“DriveListBox”控件、“FileListBox”控件、“Frame”控件、定时器控件、“Label”控件、“CommandButton”控件,程序功能要求可以对 MP3 格式文件进行“播放”“暂停”“停止”操作,同时显示播放时间和歌曲名称。窗体布局如图 3.119 所示。

＊学习要点说明

(1)“MediaPlayer”控件的应用;

(2)“DirListBox”控件的应用;

(3)“DriveListBox”控件的应用;

(4)“FileListBox”控件的应用;

(5)“Frame”控件的应用;

(6)定时器控件的应用;

图 3.119

(7)“Label”控件的应用。

＊编程步骤详解

(1)在 Windows【开始】菜单中点击“Microsoft Visual Basic 6.0”应用程序,会弹出对话框如图 3.120 所示,选择“Standard EXE”项,然后单击“打开”按钮,这样就建立了一个新的工程。

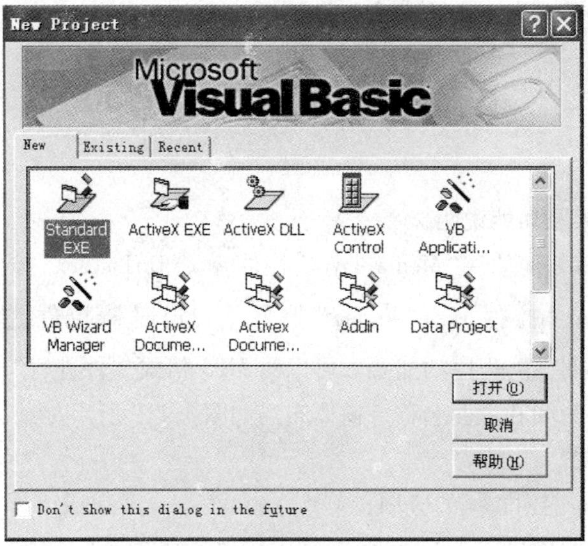

图 3.120

(2)点击菜单栏中的【Project】|【Components】命令,会弹出【Components】组件对话框,如图 3.121 所示,在列表框中选择组件“Window Media Player”后,单击确定,这样 Window Media Player 就添加到了工具栏中,如图 3.121 所示。

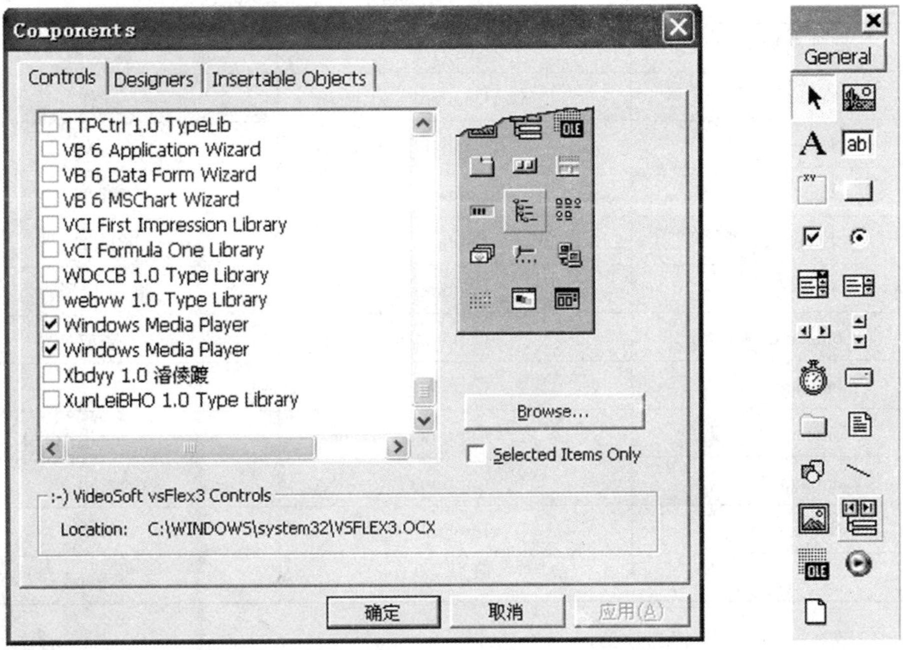

图 3.121

(3)在窗体“Form1”上添加“MediaPlayer”控件、“DirListBox”控件、“DriveListBox”控件、“FileListBox”控件、“Frame”控件、定时器控件、“Label”控件、“CommandButton”控件，窗体布局如图 3.122 所示，各控件对象属性设置如表 3.15 所示。

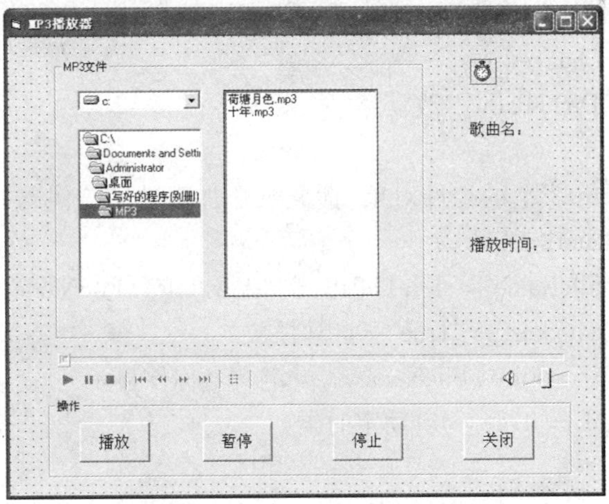

图 3.122

表 3.15

控件名称	属性名称	属性值
Form1	Caption	MP3 播放器
Frame1	Caption	MP3 文件

表 3.15(续)

控件名称	属性名称	属性值
Frame2	Caption	操作
Label1	Caption	清空
Label2	Caption	清空
Label3	Caption	歌曲名:
Label4	Caption	播放时间:
Command1	Caption	播放
Command2	Caption	暂停
Command3	Caption	停止
Command4	Caption	关闭
Timer1	Interval	1000
File1	Pattern	*.mp3

(4)在窗体“Form1”代码区顶端定义模块级变量,代码如下:

```
Dim alltime As Long
```

(5)双击窗体“Form1”上的控件对象“Drive1”,添加事件响应代码如下:

```
Private Sub Drive1_Change()
    Dir1.Path = Drive1.Drive  '选择驱动器
End Sub
```

(6)双击窗体“Form1”上的控件对象“Dir1”,添加事件响应代码如下:

```
Private Sub Dir1_Change()
    File1.Path = Dir1.Path  '改变路径
End Sub
```

(7)双击窗体“Form1”上的控件对象“播放”,添加事件响应代码如下:

```
Private Sub Command1_Click()
    MediaPlayer1.FileName = File1.Path & "" & File1.FileName  '设置文件路径
    MediaPlayer1.autoStart = True  '自动播放
    Label1.Caption = File1.FileName  '设定文名称件显示
    Timer1.Enabled = True  '启动定时器
End Sub
```

(8)双击窗体“Form1”上的控件对象“暂停”,添加事件响应代码如下:

```
Private Sub Command2_Click()
    MediaPlayer1.pause  '暂停
    Timer1.Enabled = False  '停止定时器
End Sub
```

(9)双击窗体“Form1”上的控件对象“停止”,添加事件响应代码如下:

```
Private Sub Command3_Click()
```

```
    MediaPlayer1.Stop  '停止
    Timer1.Enabled = False  '停止定时器
End Sub
```

(10)双击窗体“Form1”上的控件对象“退出”,添加事件响应代码如下:

```
Private Sub Command4_Click()
    Unload Me
End Sub
```

(11)在窗体“Form1”代码区添加控件对象“Timer1”的“Timer”事件响应代码:

```
Private Sub Timer1_Timer()
    alltime = MediaPlayer1.currentPosition  '记录当前播放位置
    Label2.Caption = Str $ ( alltime   60) & "分" & Str $ ( alltime Mod 60) & "秒"
'显示播放时间
End Sub
```

(12)编译调试程序。

实例 14　AVI 播放器

＊实例运行效果及功能说明

本实例主要讲解如何使用“WindowMediaPlayer”控件、通用对话框 CommonDialog 控件、菜单设计,实现 AVI 文件的播放,程序运行界面如图 3.123 所示。

图 3.123

＊学习要点说明

(1)“WindowMediaPlayer”控件的应用;

(2)通用对话框“CommonDialog”控件的应用;

(3)菜单的应用。

＊编程步骤详解

(1)在 Windows【开始】菜单中点击“Microsoft Visual Basic 6.0”应用程序,会弹出对话框如图 3.124 所示,选择“Standard EXE”项,然后单击“打开”按钮,这样就建立了一个新的工程。

图 3.124

(2)点击菜单栏中的【Project】|【Components】命令,会弹出【Components】组件对话框,在列表框中选择组件“Window Media Player”后,单击确定,这样 Window Media Player 、 就添加到了工具栏中,如图 3.125 所示。

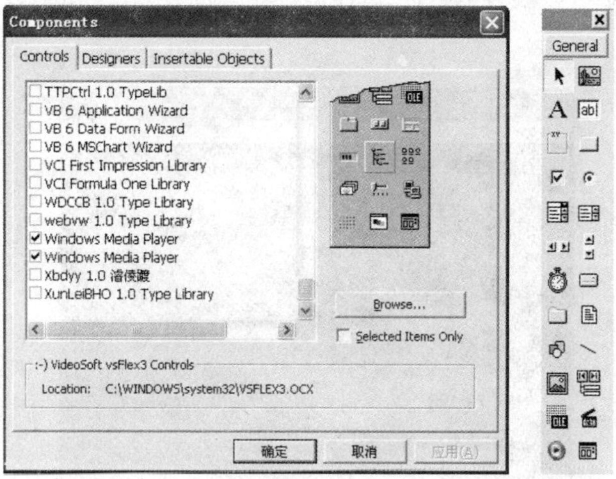

图 3.125

(3)点击菜单栏中的【Tools】|【Menu Editor】命令,会弹出【Menu Editor】对话框,建立一级子菜单“Caption”值为“文件”,“Name”值为“file”,如图 3.126 所示;之后单击“Next”建立新菜单命令,同时单击按钮使新建菜单命令为二级子菜单命令,二级菜单“Caption”值为“打开”,“Name”值为“open”,快捷方式“Shortcut”值为“Ctrl + O”,如图 3.127 所示;接着建立二级子菜单命令为“暂停”、“继续”、“退出”,如图 3.128 ~ 图 3.130 所示;再建立一级子

菜单“Caption”值为“关于”,“Name”值为“about”,如图 3.131 所示。

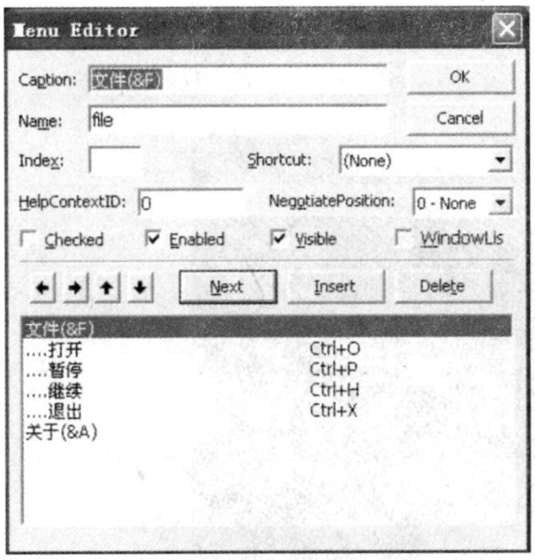

图 3.126

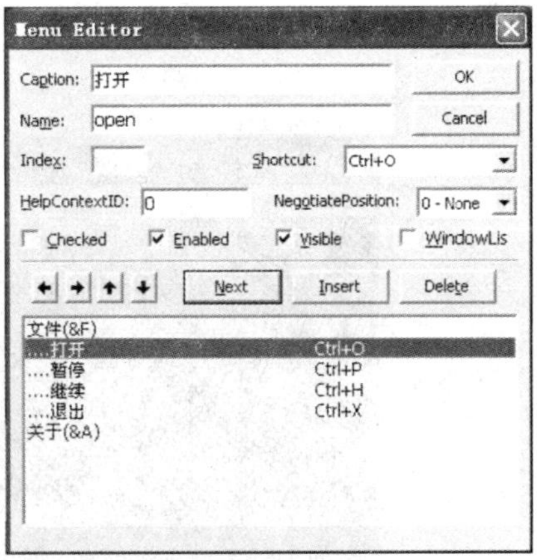

图 3.127

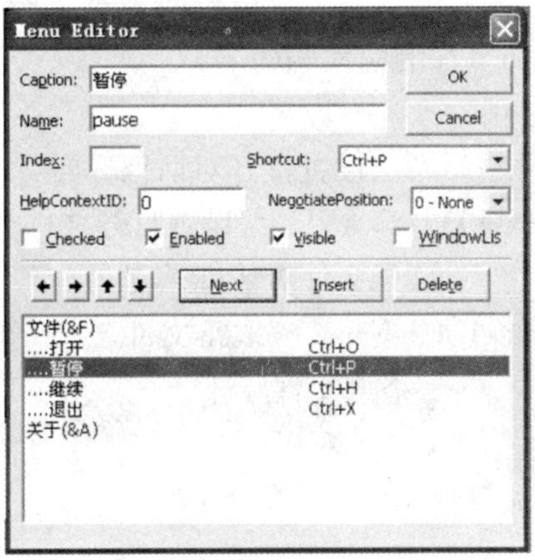

图 3.128

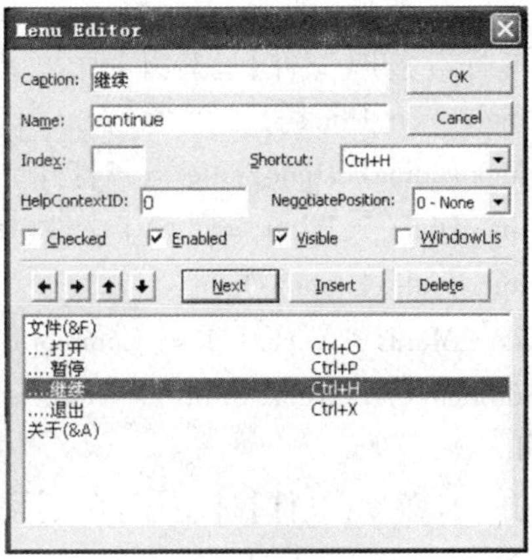

图 3.129

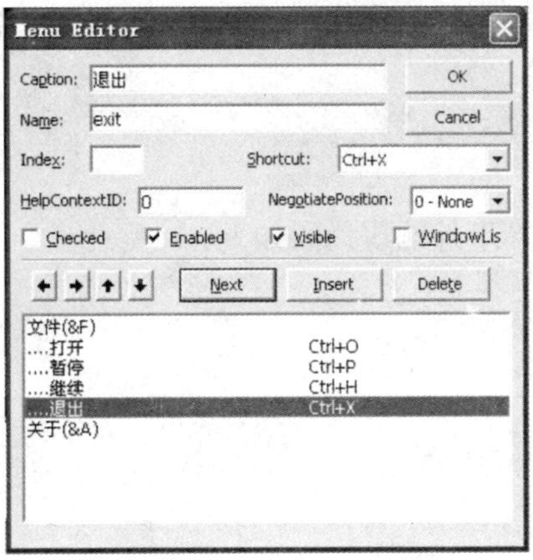

图 3.130

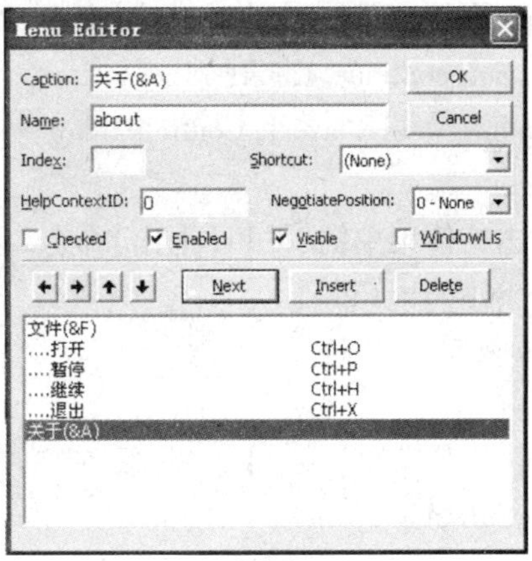

图 3.131

(4)设置窗体“Form1”的“Caption”属性为“AVI 播放器”，之后向窗体“Form1”上添加“WindowMediaPlayer”控件对象及通用对话框“CommonDialog”控件对象，窗体布局如图 3.132 所示。

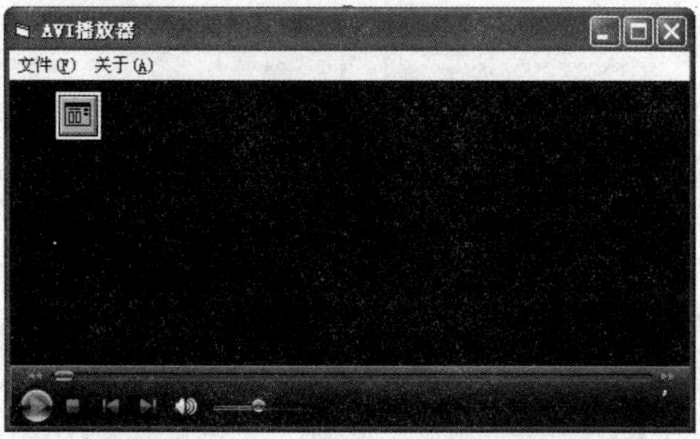

图 3.132

(5)单击窗体菜单【文件】|【打开】命令，添加事件响应代码如下：

```
Private Sub open_Click( )
    CommonDialog1. DialogTitle  =  "打开文件"           '设置打开对话框标题
    CommonDialog1. Filter  =  "AVI 文件( *. AVI) | *. AVI"    '设置打开文件类型
    CommonDialog1. ShowOpen                          '打开文件对话框
    WindowsMediaPlayer1. Url  =  CommonDialog1. FileName   '取得文件名
    WindowsMediaPlayer1. Controls. Play                '播放文件
End Sub
```

(6)单击窗体菜单【文件】|【暂停】命令，添加事件响应代码如下：

```
Private Sub pause_Click( )
    WindowsMediaPlayer1. Controls. pause
End Sub
```

(7)单击窗体菜单【文件】|【继续】命令，添加事件响应代码如下：

```
Private Sub continue_Click( )
    WindowsMediaPlayer1. Controls. Play
End Sub
```

(8)单击窗体菜单【文件】|【退出】命令，添加事件响应代码如下：

```
Private Sub exit_Click( )
    Unload Me
End Sub
```

(9)单击窗体菜单【关于】命令，添加事件响应代码如下：

```
Private Sub about_Click( )
    MsgBox "AVI 播放器 1.0 版本", , "AVI 播放器"   '消息框
End Sub
```

(10)编译调试程序。

实例 15 Flash 动画

＊实例运行效果及功能说明

本实例主要讲解如何使用“ShockwaveFlash”控件、“ImageList”控件、通用对话框“CommonDialog”控件、“Toolbar”控件实现 Flash 动画的播放，要求通过工具栏命令实现 Flash 动画的播放、暂停、继续、停止等功能，并且动画播放可随窗体尺寸变化而变化。程序运行界面如图 3.133 所示。

图 3.133

＊学习要点说明

(1)“ShockwaveFlash”控件的应用；

(2)“Toolbar”控件的应用；

(3)“ImageList”控件的应用；

(4)通用对话框“CommonDialog”控件的应用。

＊编程步骤详解

(1)在 Windows【开始】菜单中点击“Microsoft Visual Basic 6.0”应用程序，会弹出对话框如图 3.134 所示，选择“Standard EXE”项，然后单击“打开”按钮，这样就建立了一个新的工程。

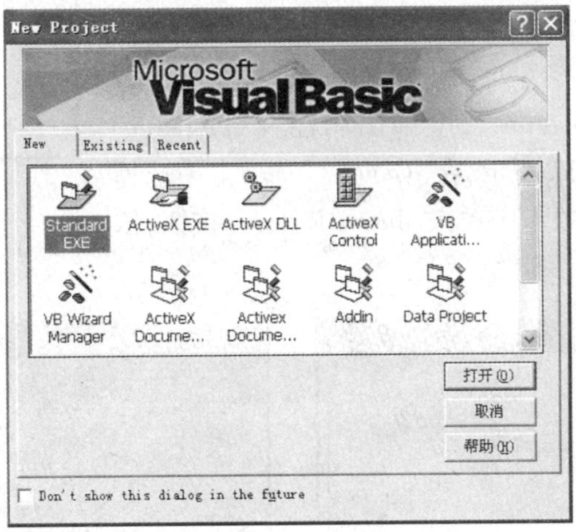

图 3.134

(2)点击菜单栏中的【Project】|【Components】命令，会弹出【Components】组件对话框，在列表框中选择组件“Microsoft Windows Common Control 6.0”及“Shockwave Flash”单击确定，这样“Microsoft Windows Common Control 6.0”控件组及“Shockwave Flash”控件就添加到了工具栏中，如图 3.135 所示。

图 3.135

(3)向窗体“Form1”上添加“ShockwaveFlash”控件、“ImageList”控件、通用对话框“CommonDialog”控件、“Toolbar”控件，窗体布局类似如图 3.136 所示。

(4)设置窗体“Form1”的“Caption”属性为“Flash 播放器”，设置控件对象“ShockwaveFlash1”的“BackgroundColor”属性为“0”，即黑色。

(5)在“ImageList1”控件对象上单击右键，在弹出的右键菜单中选择属性“Properties”，会弹出属性页“Properties Pages”对话框，如图 3.137 所示，在“General”选项卡中选择如图所示，在“Image”选项卡中单击“Insert Picture”按钮，依次选择按钮图标，如图 3.138 所示。

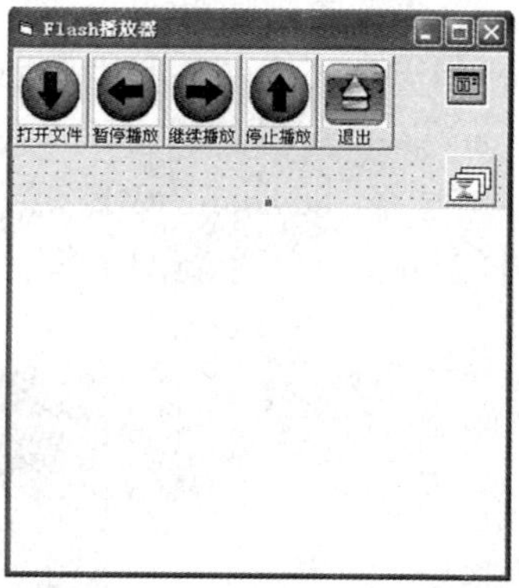

图 3.136

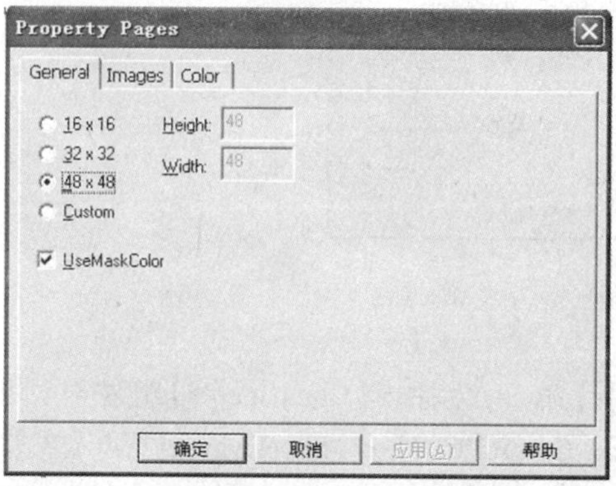

图 3.137

图 3.138

为每个按钮图标设置“Index”、“Key”、“Tag”属性如图3.139～图3.142所示。

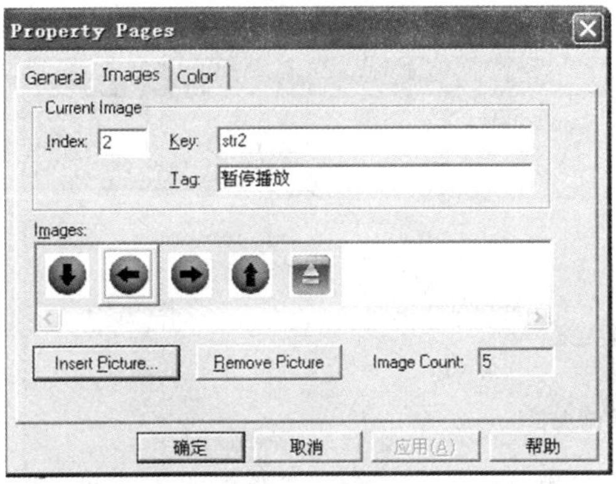

图3.139

图3.140

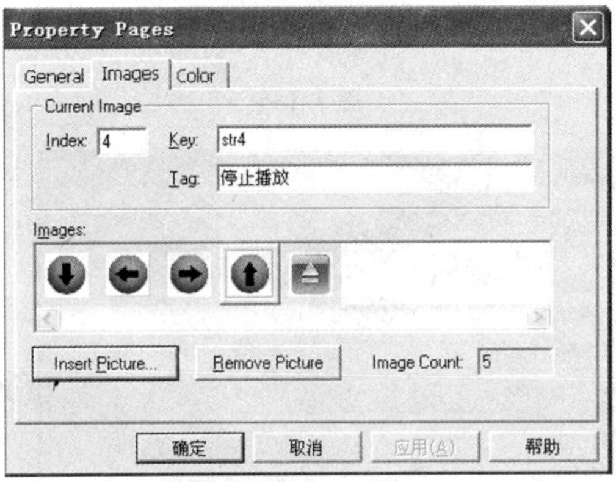

图3.141

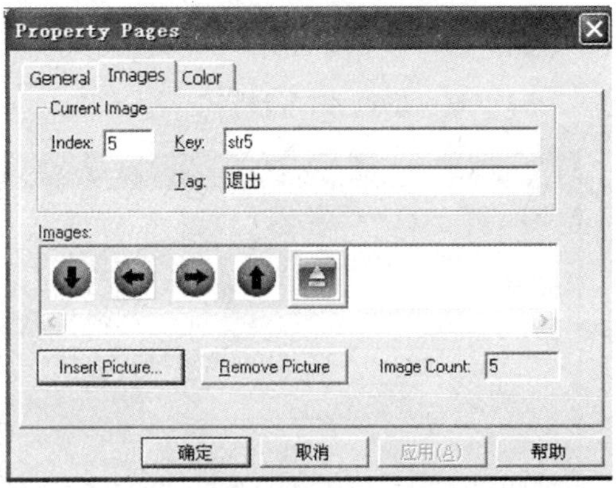

图3.142

(6)在控件对象“Toolbar1”上单击右键，在弹出的右键菜单中选择属性“Properties”，会弹出属性页“Properties Pages”对话框，在“General”选项卡中选择属性“ImageList”为“ImageList1”，如图3.143所示。在“Buttons”选项卡中单击“InsertButton”设置参数如图3.144所示。

图3.143

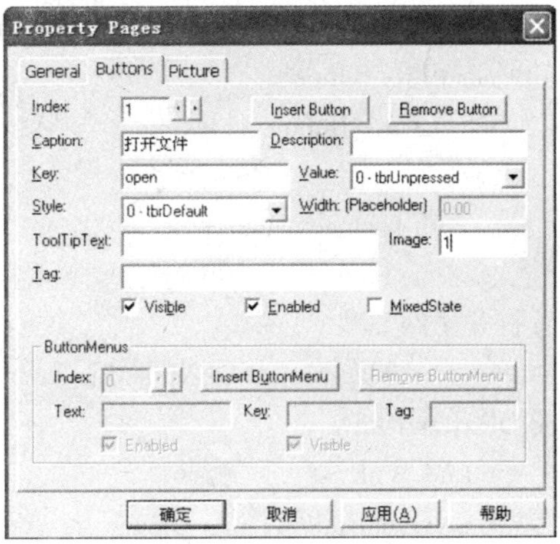

图3.144

（7）在窗体“Form1”上双击“Toolbar1”控件对象，如图3.145～图3.149所示，添加代码如下：

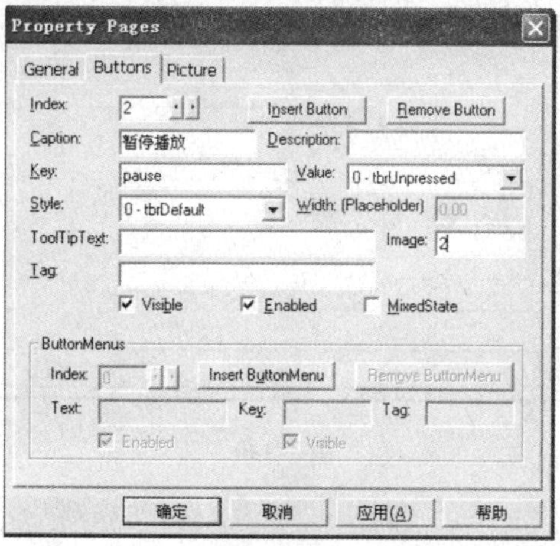

图3.145

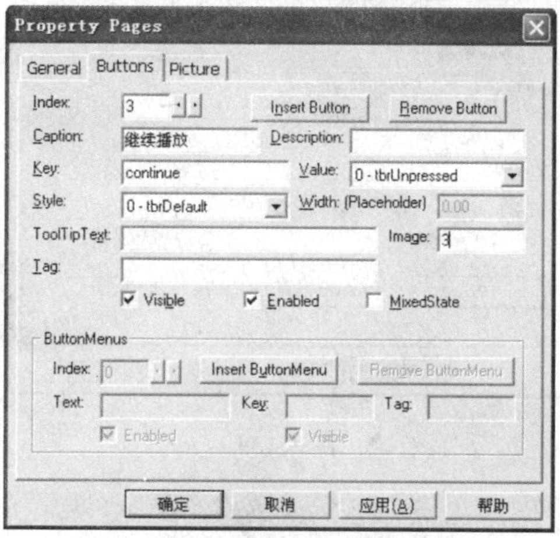

图3.146

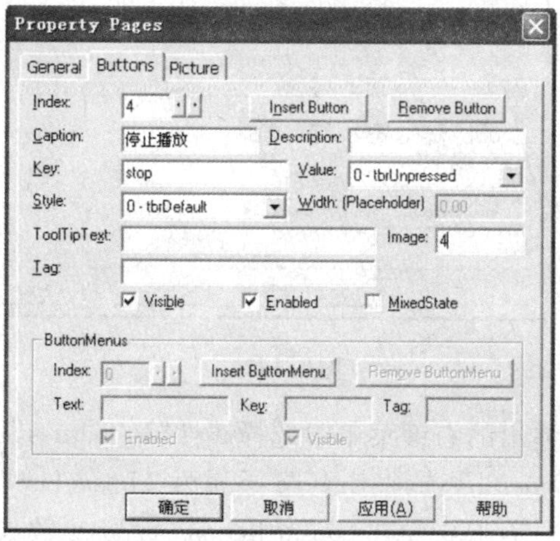

图3.147

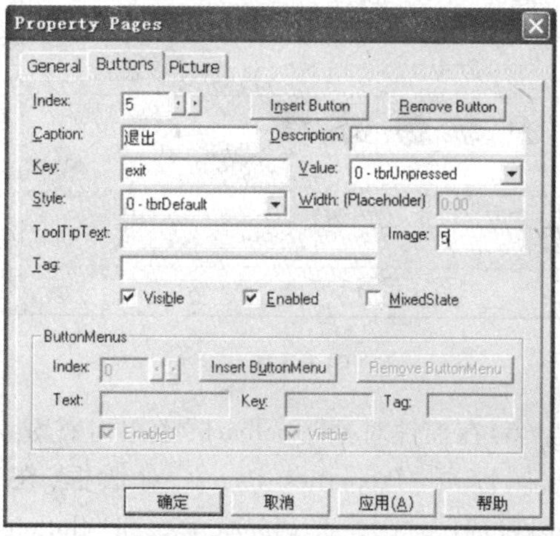

图3.148

图3.149

```
Private Sub Toolbar1_ButtonClick(ByVal Button As MSComctlLib.Button)
    Select Case Button.Index
    Case 1
        With CommonDialog1
            .Filter = "swf 文件(*.swf)|*.swf"  '设置打开文件类型
            .Flags = cdlOFNFileMustExist Or cdlOFNReadOnly
        End With
        CommonDialog1.ShowOpen
        ShockwaveFlash1.Play    '播放文件
```

```
      ShockwaveFlash1.Movie = CommonDialog1.FileName
    Case 2
      ShockwaveFlash1.Playing = False   '暂停
    Case 3
      ShockwaveFlash1.Playing = True    '继续
    Case 4
      ShockwaveFlash1.Stop              '停止播放
    Case 5
      Unload Me                         '卸载窗体
    End Select
End Sub
```

(8)在窗体"Form1"代码区中添加窗体"Form"的"Resize"事件,添加代码如下:

```
Private Sub Form_Resize()
   ShockwaveFlash1.Width = Form1.Width   '重新设置 Flash 控件宽度
   ShockwaveFlash1.Height = Form1.Height '重新设置 Flash 控件高度
End Sub
```

(9)编译调试程序。

实例 16 网络通信

*** 实例运行效果及功能说明**

本实例主要讲解如何使用"Winsock"控件、"TextBox"控件和"CommandButton"控件实现网络通信,程序通过 UDP 协议进行数据自发自收测试,程序运行界面如图 3.150 所示。

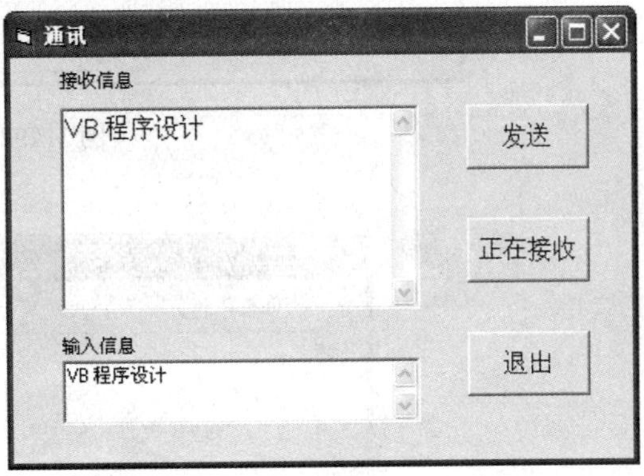

图 3.150

*** 学习要点说明**

(1)"Winsock"控件的应用;

(2)"TextBox"控件的应用;

(3)"CommandButton"控件的应用;

(4)"Label"控件 A 的应用。

*** 编程步骤详解**

(1)在 Windows【开始】菜单中点击"Microsoft Visual Basic 6.0"应用程序,会弹出对话框如图 3.151 所示,选择"Standard EXE"项,然后单击"打开"按钮,这样就建立了一个新的工程。

（2）点击菜单栏中的【Project】|【Components】命令，会弹出【Components】组件对话框，在列表框中选择组件“Microsoft Winsock Control 6.0”，这样“Microsoft Winsock Control 6.0”控件就添加到了工具栏中，如图3.152所示。

（3）向窗体“Form1”上添加“Winsock”控件对象、“TextBox”控件对象和“CommandButton”控件对象，窗体布局如图3.153所示，窗体上各控件属性如表3.16所示。

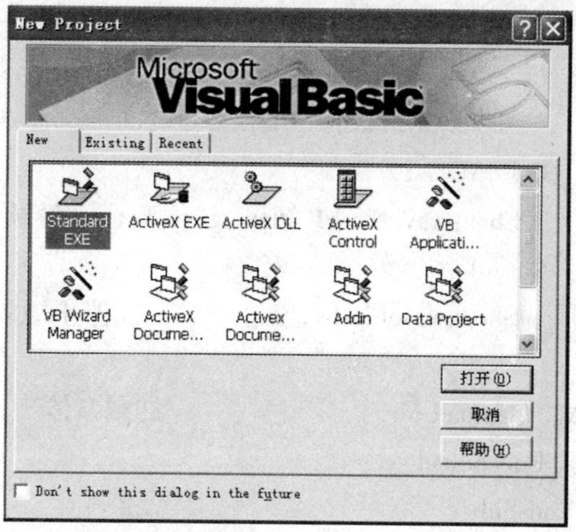

图 3.151

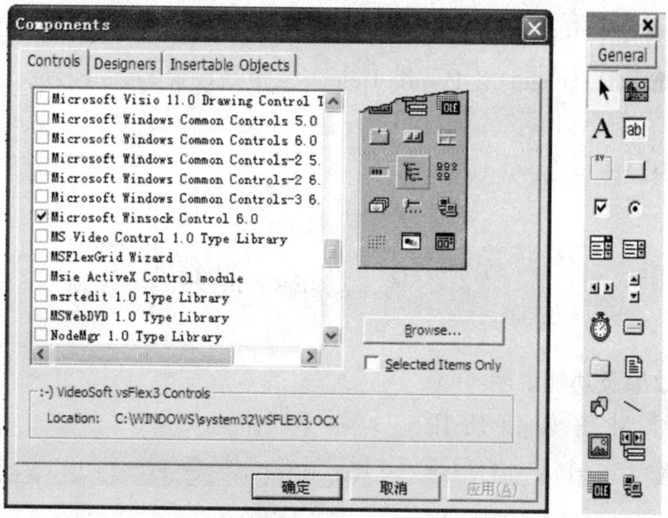

图 3.152

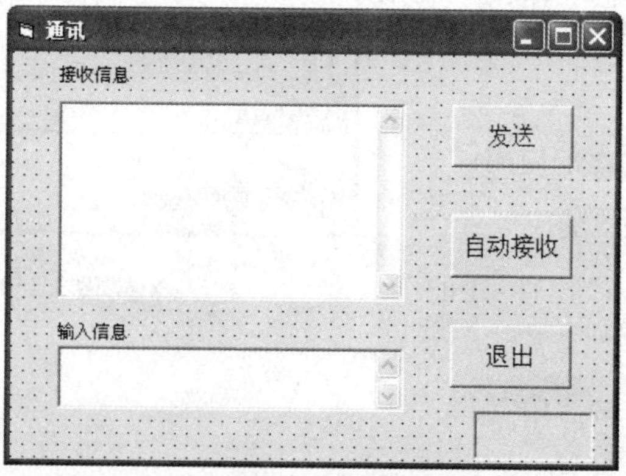

图 3.153

表 3.16

控件名称	属性名称	属性值
Form1	Caption	通信
Text1	Caption	清空
Text2	Caption	清空
Command1	Caption	发送
Command2	Caption	自动接收
Command3	Caption	退出
Label1	Caption	输入信息
Label2	Caption	接收信息
Winsock1	Protocol	1 - sckUDPProtocol

(4)在窗体"Form1"代码区顶端定义模块级变量,代码如下:

```
Dim flag As Integer
```

(5)双击窗体"Form1"上的"发送"按钮,添加事件响应代码如下:

```
Private Sub Command1_Click( )
    Winsock1. SendData Text2. Text   '发送文本
    Text2. Text = ""                 '清空文本框
End Sub
```

(6)双击窗体"Form1"上的"自动接收"按钮,添加事件响应代码如下:

```
Private Sub Command2_Click( )
    flag = 1                          '设置接收标志
    Command2. Caption = "正在接收"     '更改按钮状态
End Sub
```

(7)双击窗体"Form1"上的"退出"按钮,添加事件响应代码如下:

```
Private Sub Command3_Click( )
    Unload Me
End Sub
```

(8)双击窗体"Form1"上的"Winsock1"控件对象,添加消息到达事件响应代码如下:

```
Private Sub Winsock1_DataArrival( ByVal bytesTotal As Long)
    Dim str As String
    If flag = 1 Then
        Winsock1. GetData str, vbString                   '接收数据
        Text1. Text = str + Chr $ (13) + Chr $ (10) + Text1. Text   '构建显示字符串
    Else
    End If
End Sub
```

(9)双击窗体"Form1",添加窗体加载代码如下:

```
Private Sub Form_Load( )
```

```
    Winsock1.Protocol = sckUDPProtocol  '设定通信协议
    Winsock1.LocalPort = 1000          '设定端口号
    Winsock1.RemoteHost = "127.0.0.1"  '设定为本机地址
    Winsock1.RemotePort = 1000
    flag = 0
End Sub
```

(10)编译调试程序。

实例17　控件绘制机械零件图

*** 实例运行效果及功能说明**

本实例主要讲解如何使用"PictureBox"控件、"TextBox"控件、"CommandButton"控件、"Label"控件绘制机械零件图,要求尺寸参数通过文本框输入,程序运行界面如图3.154所示。

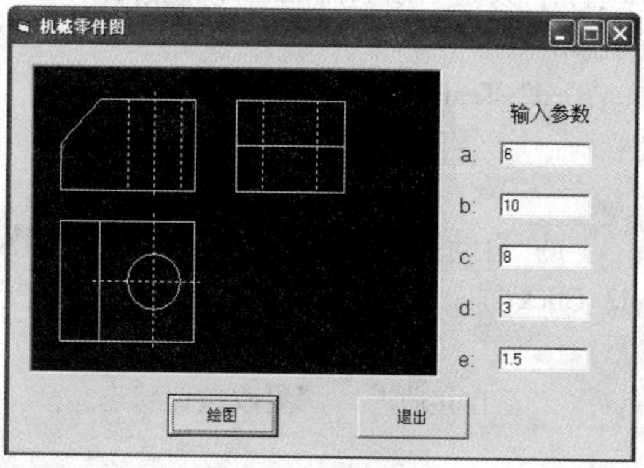

图3.154

*** 学习要点说明**

(1)"PictureBox"控件的应用;

(2)"TextBox"控件的应用;

(3)"CommandButton"控件的应用;

(4)"Label"控件的应用。

*** 编程步骤详解**

(1)在Windows【开始】菜单中点击"Microsoft Visual Basic 6.0"应用程序,会弹出对话框如图3.155所示,选择"Standard EXE"项,然后单击"打开"按钮,这样就建立了一个新的工程。

(2)在窗体"Form1"上添加"PictureBox"控件对象、"TextBox"控件对象、"CommandButton"控件对象、"Label"控件对象,窗体布局如图3.156所示,各控件属性如表3.17所示。

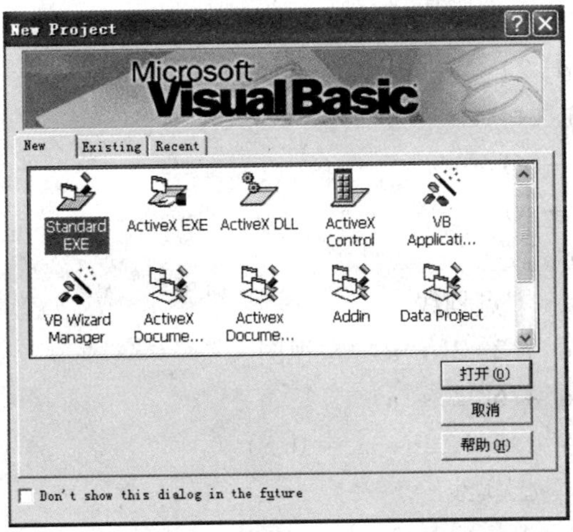

图 3.155

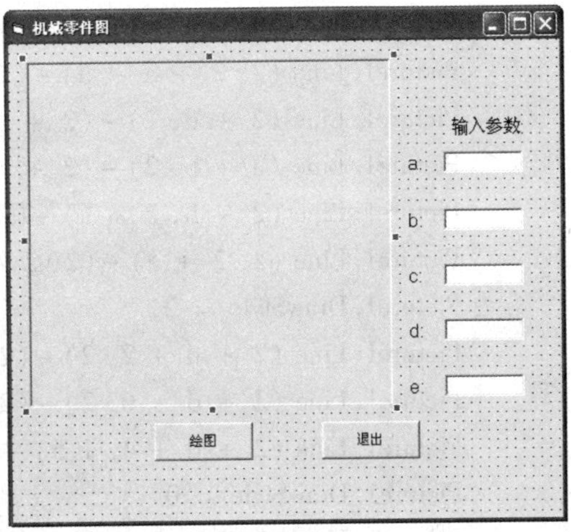

图 3.156

表 3.17

控件名称	属性名称	属性值
Form1	Caption	机械零件图
Text1	Text	清空
Text2	Text	清空
Text3	Text	清空
Text4	Text	清空
Text5	Text	清空
Label1	Caption	输入参数
Label2	Caption	a
Label3	Caption	b
Label4	Caption	c
Label5	Caption	d
Label6	Caption	e
Command1	Caption	绘图
Command2	Caption	退出
Picture1	AutoRedraw	Ture

(3)在窗体“Form1”代码区顶端定义模块级变量,代码如下:

```
Dim a, b, c, d, e, scalev As Long
```

(4)双击窗体“Form1”上的“绘图”按钮,添加事件响应代码如下:

```
Private Sub Command1_Click()
    Picture1.BackColor = RGB(0, 0, 0)   '设置背景颜色为黑色
```

```
        Picture1.ForeColor = RGB(255, 255, 255)   '设置前景颜色为白色
        Picture1.Scale (0, 0)-(30, 20)             '设置绘图比例
        Picture1.Line (2, 2 + a - d)-(2 + d, 2)   '主视图
        Picture1.Line (2 + d, 2)-(2 + b, 2)
        Picture1.Line (2 + b, 2)-(2 + b, 2 + a)
        Picture1.Line (2 + b, 2 + a)-(2, 2 + a)
        Picture1.Line (2, 2 + a)-(2, 2 + d)
        Picture1.DrawStyle = 2                      '点划线
        Picture1.Line (2 + d + 2, 2)-(2 + d + 2, 2 + a) '左视图
        Picture1.Line (2 + d + 6, 2)-(2 + d + 6, 2 + a)
        Picture1.Line (2 + d + 4, 1.5)-(2 + d + 4, 2 + a + 0.5)
        Picture1.DrawStyle = 0                      '实线
        Picture1.Line (2, 2 + a + 2)-(2 + b, 2 + a + 2 + c), , B
        Picture1.Line (2 + d, 2 + a + 2)-(2 + d, 2 + a + 2 + c)
        Picture1.Circle (2 + d + 4, 2 + a + 2 + c / 2), 2
        Picture1.DrawStyle = 2
        Picture1.Line (2 + d + 4, 2 + a + 1.5)-(2 + d + 4, 2 + a + 2 + c + 0.5)
        Picture1.Line (2 + d - 0.5, 2 + a + 2 + c / 2)-(2 + b + 0.5, 2 + a + 2 +
c / 2)
        Picture1.DrawStyle = 0
        Picture1.Line (2 + b + 3, 2)-(2 + b + 3 + c, 2 + a), , B  '俯视图
        Picture1.Line (2 + b + 3, 2 + d)-(2 + b + 3 + c, 2 + d)
        Picture1.DrawStyle = 2
        Picture1.Line (2 + b + 3 + c / 2 - 2, 2)-(2 + b + 3 + c / 2 - 2, 2 + a)
        Picture1.Line (2 + b + 3 + c / 2 + 2, 2)-(2 + b + 3 + c / 2 + 2, 2 + a)
        Picture1.DrawStyle = 0
    End Sub
```

(5)双击窗体“Form1”上的“退出”按钮,添加事件响应代码如下:

```
    Private Sub Command2_Click()
        Unload Me
    End Sub
```

(6)双击窗体“Form1”,添加窗体加载事件响应代码如下:

```
    Private Sub Form_Load()
        Text1.Text = 6      '设置绘图参数初始值
        Text2.Text = 10
        Text3.Text = 8
        Text4.Text = 3
        Text5.Text = 1.5
    End Sub
```

(7)双击窗体“Form1”上的“Text1”控件对象,添加文本输入事件响应代码如下:

```
Private Sub Text1_Change()
    a = Text1.Text  '输入参数 a
End Sub
```

(8)双击窗体“Form1”上的“Text2”控件对象,添加文本输入事件响应代码如下:

```
Private Sub Text2_Change()
    b = Text2.Text  '输入参数 b
End Sub
```

(9)双击窗体“Form1”上的“Text3”控件对象,添加文本输入事件响应代码如下:

```
Private Sub Text3_Change()
    c = Text3.Text  '输入参数 c
End Sub
```

(10)双击窗体“Form1”上的“Text3”控件对象,添加文本输入事件响应代码如下:

```
Private Sub Text4_Change()
    d = Text4.Text  '输入参数 d
End Sub
```

(11)双击窗体“Form1”上的“Text3”控件对象,添加文本输入事件响应代码如下:

```
Private Sub Text5_Change()
    e = Text5.Text  '输入参数 e
End Sub
```

(12)在窗体“Form1”代码区添加窗体“Form”尺寸改变“Resize”事件,添加代码如下:

```
Private Sub Picture1_Resize()
    Picture1.BackColor = RGB(0, 0, 0)
    Picture1.ForeColor = RGB(255, 255, 255)
    Picture1.Scale (0, 0) - (30, 20)
    Picture1.Line (2, 2 + a - d) - (2 + d, 2)
    Picture1.Line (2 + d, 2) - (2 + b, 2)
    Picture1.Line (2 + b, 2) - (2 + b, 2 + a)
    Picture1.Line (2 + b, 2 + a) - (2, 2 + a)
    Picture1.Line (2, 2 + a) - (2, 2 + d)
    Picture1.DrawStyle = 2
    Picture1.Line (2 + d + 2, 2) - (2 + d + 2, 2 + a)
    Picture1.Line (2 + d + 6, 2) - (2 + d + 6, 2 + a)
    Picture1.Line (2 + d + 4, 1.5) - (2 + d + 4, 2 + a + 0.5)
    Picture1.DrawStyle = 0
    Picture1.Line (2, 2 + a + 2) - (2 + b, 2 + a + 2 + c), , B
    Picture1.Line (2 + d, 2 + a + 2) - (2 + d, 2 + a + 2 + c)
    Picture1.Circle (2 + d + 4, 2 + a + 2 + c / 2), 2
    Picture1.DrawStyle = 2
    Picture1.Line (2 + d + 4, 2 + a + 1.5) - (2 + d + 4, 2 + a + 2 + c + 0.5)
    Picture1.Line (2 + d - 0.5, 2 + a + 2 + c / 2) - (2 + b + 0.5, 2 + a + 2 +
```

```
c / 2)
        Picture1.DrawStyle = 0
        Picture1.Line (2 + b + 3, 2) - (2 + b + 3 + c, 2 + a), , B
        Picture1.Line (2 + b + 3, 2 + d) - (2 + b + 3 + c, 2 + d)
        Picture1.DrawStyle = 2
        Picture1.Line (2 + b + 3 + c / 2 - 2, 2) - (2 + b + 3 + c / 2 - 2, 2 + a)
        Picture1.Line (2 + b + 3 + c / 2 + 2, 2) - (2 + b + 3 + c / 2 + 2, 2 + a)
        Picture1.DrawStyle = 0
    End Sub
```

(13)编译调试程序。

实例 18　销售管理系统

＊实例运行效果及功能说明

本实例主要讲解如何进行文件读写、多窗体之间如何调用、列表框"ListBox"控件与"TextBox"控件以及"Image"控件之间如何实现数据同步，程序功能可通过修改货品信息到文件，同时可查询存储的记录信息，通过列表框的选择可实现文本框、图像框的同步显示。程序运行界面如图 3.157 和图 3.158 所示。

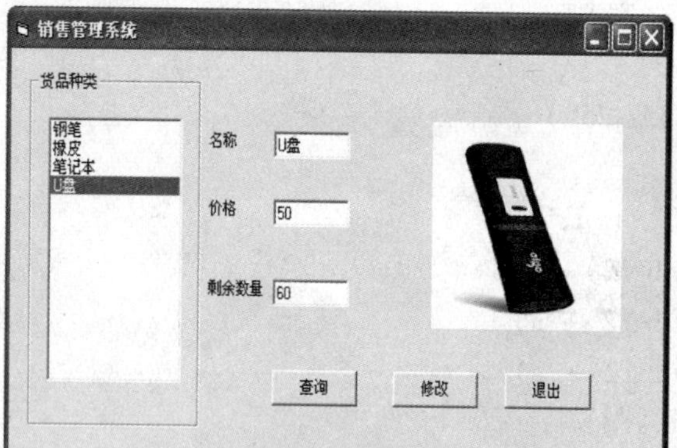

图 3.157

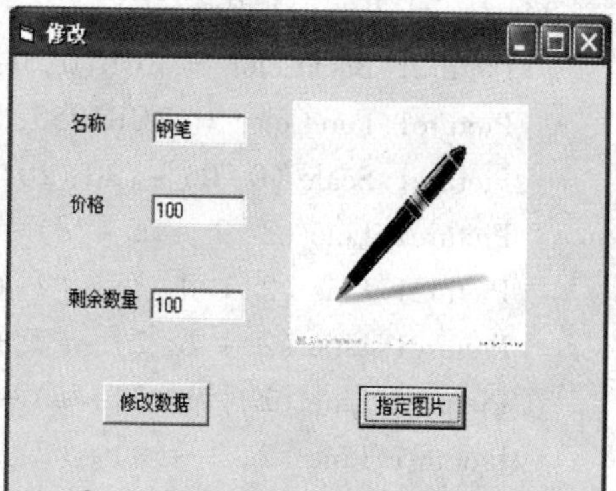

图 3.158

＊学习要点说明

(1)文件读写的应用；
(2)列表框"ListBox"控件的应用；
(3)"TextBox"控件的应用；
(4)"Image"控件的应用；
(5)用户定义类型的应用；
(6)通用对话框 Commondialog 控件的应用；
(7)"Label"控件的应用。

＊编程步骤详解

（1）在 Windows【开始】菜单中点击“Microsoft Visual Basic 6.0”应用程序，会弹出对话框如图 3.159 所示，选择“Standard EXE”项，然后单击“打开”按钮，这样就建立了一个新的工程。

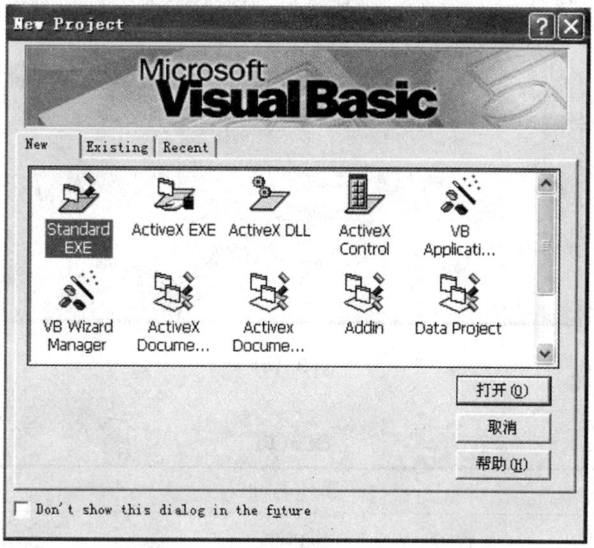

图 3.159

（2）点击菜单栏中的【Project】|【Components】命令，会弹出【Components】组件对话框，在列表框中选择组件 Microsoft common dialog control 6.0 后，单击确定，这样 CommonDialog 控件就添加到了工具栏中，如图 3.160 所示。

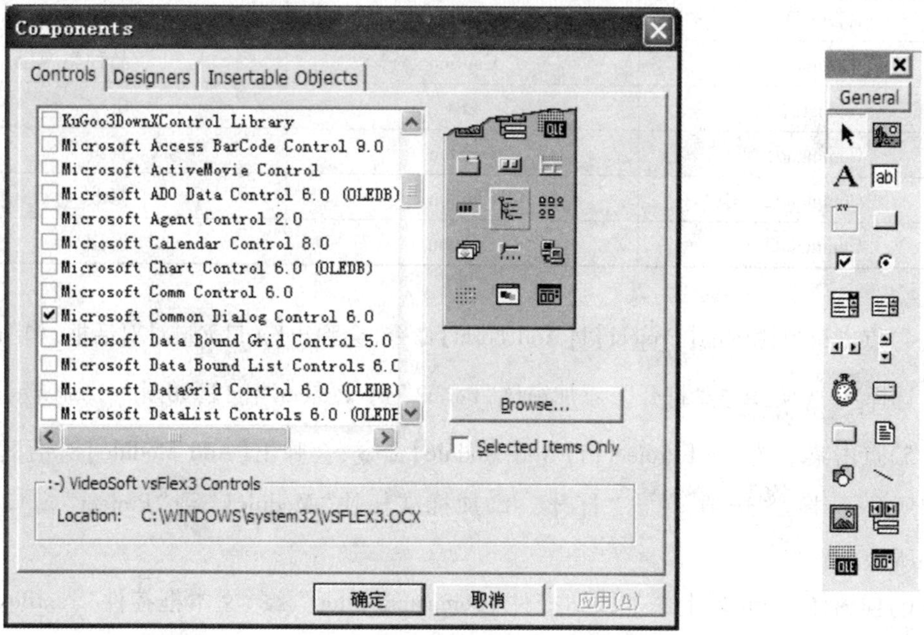

图 3.160

(3)在窗体“Form1”上添加框架控件“Frame”、按钮控件“CommandButton”、文本框控件“TextBox”、ListBox 控件、Image 控件、“Label”控件，窗体布局如图 3.161 所示，控件属性值设置如表 3.18 所示。

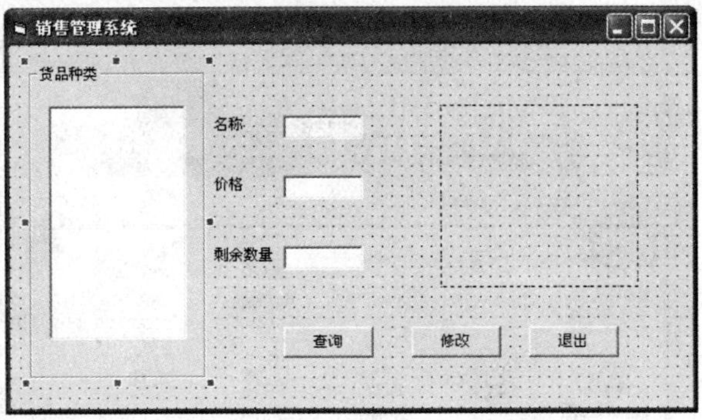

图 3.161

表 3.18

控件名称	属性名称	属性值
Form1	Caption	销售管理系统
Text1(0)	Text	清空
Text1(1)	Text	清空
Text1(2)	Text	清空
Label1	Caption	名称
Label2	Caption	价格
Label3	Caption	剩余数量
Frame1	Caption	货品种类
List1	List	清空
Command1	Caption	查询
Command2	Caption	修改
Command3	Caption	退出

(4)点击菜单栏中的【Project】|【Add Form】命令，会弹出【Add Form】对话框，如图3.162 所示，选择 Form 选项，单击“打开”，添加窗体“Form2”到“Project”窗口，如图 3.163 所示。

(5)点击菜单栏中的【Project】|【Add Module】命令，会弹出【Add Module】对话框，如图 3.164所示，选择 Module 选项，单击“打开”，添加标准模块“Module1”到“Project”窗口，如图 3.165所示。

(6)向窗体“Form2”上添加按钮控件“CommandButton”、文本框控件“TextBox”、“Label”控件、Image 控件，窗体布局如图 3.166 所示，各控件属性如表 3.19 所示。

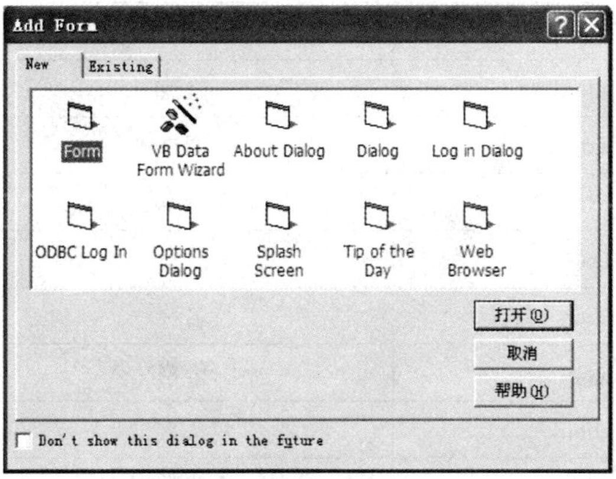

图 3.162

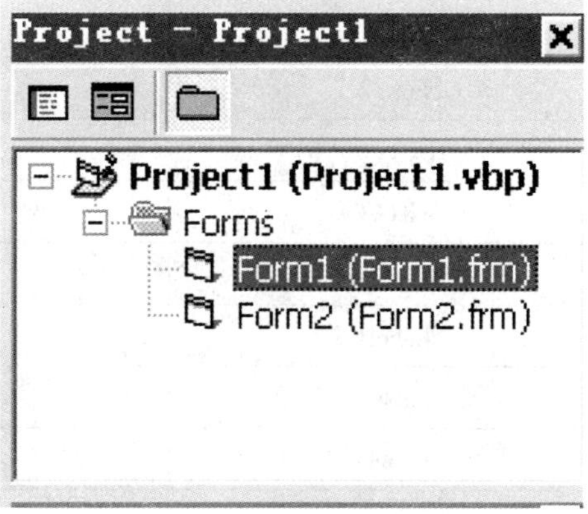

图 3.163

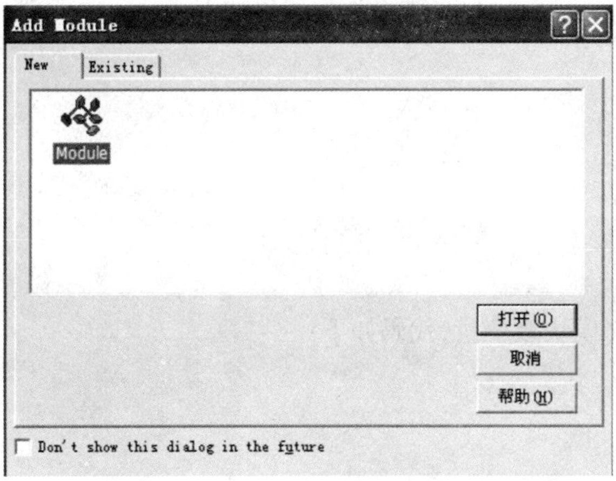

图 3.164

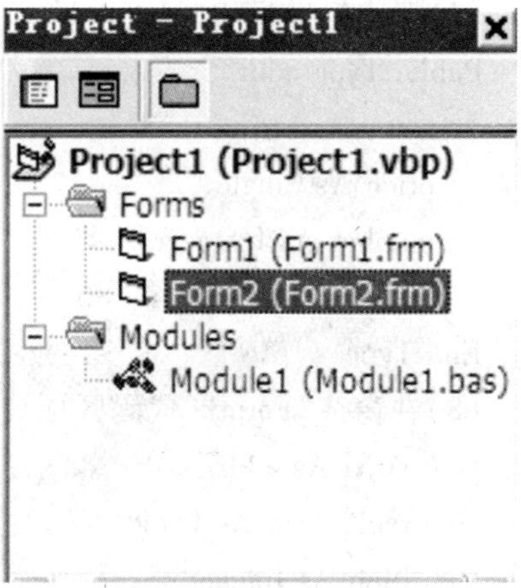

图 3.165

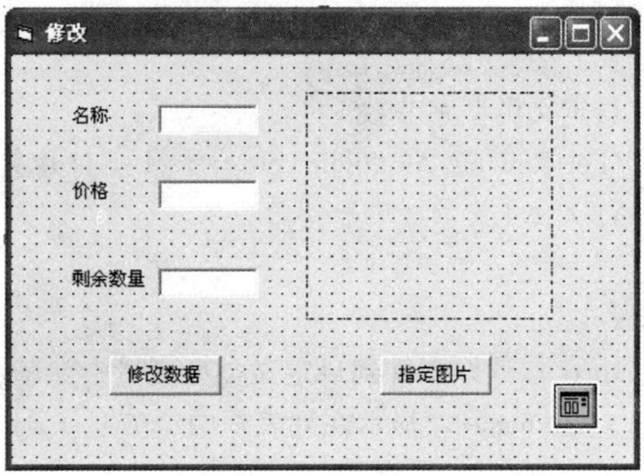

图 3.166

表 3.19

控件名称	属性名称	属性值
Form2	Caption	修改
Text1(0)	Text	清空
Text1(1)	Text	清空
Text1(2)	Text	清空
Label1	Caption	名称
Label2	Caption	价格
Label3	Caption	剩余数量
Command1	Caption	修改数据
Command2	Caption	指定图片

(7)双击标准模块“Module1”,进入代码区,添加自定义类型代码如下:

```
Public Type addr
    name As String * 8
    price As Single
    number As Integer
    filename As String * 86
End Type
```

(8)在窗体“Form1”代码区顶端定义模块级变量,代码如下:

```
Dim xinxi As addr
Dim recl, recn As Long
Dim filen As Integer
Dim max As Integer
```

(9)双击窗体“Form1”上的“查询”按钮,添加事件响应代码如下:

```
Private Sub Command1_Click()
    Dim i As Integer
    filen = FreeFile
    recl = 100      '自定义类型字节数
    Open "销售.txt" For Random As #filen Len = recl   '打开文件
    max = LOF(filen) / recl
    recn = max
    For i = 1 To max
      Get #filen, i, xinxi   '读取文件到自定义类型变量中
      List1.AddItem xinxi.name   '显示在列表框中
    Next i
End Sub
```

(10)双击窗体“Form1”上的“修改”按钮,添加事件响应代码如下:

```
Private Sub Command2_Click( )
    Form2. Show    '调用窗体 Form2
End Sub
```

(11)双击窗体“Form1”上的“退出”按钮,添加事件响应代码如下:

```
Private Sub Command3_Click( )
    Unload Me
End Sub
```

(12)双击窗体“Form1”上的“List1”控件对象,添加事件响应代码如下:

```
Private Sub List1_Click( )
    Dim i As Integer
    Dim a As String * 4
    Dim b As String * 4
    For i = 1 To max
       Get #filen, i, xinxi    '读取文件
       a = List1. Text
       b = xinxi. name
       If a = b Then          '查找显示选中货品名的相应信息
           Text1(0). Text = xinxi. name
           Text1(1). Text = xinxi. price
           Text1(2). Text = xinxi. number
           Image1. Stretch = True
           filename = App. Path & "" & xinxi. filename
           Image1. Picture = LoadPicture(filename)   '同步显示到图片框中
       End If
    Next i
End Sub
```

(13)在窗体“Form2”代码区顶端定义模块级变量,代码如下:

```
Dim xinxi As addr
Dim recl, recn As Long
Dim filen As Integer
Dim filename As String * 100
```

(14)双击窗体“Form2”上的“修改数据”按钮,添加事件响应代码如下:

```
Private Sub Command1_Click( )
    Dim i As Integer
    For i = 0 To 2
       If Text1(i) = "" Then   '判断是否输入完数据
           MsgBox "数据未输完", "输入数据"
           Exit Sub
       End If
Next i
```

```
i = InStrRev(filename, "")
filename = Right(filename, Len(filename) - i)
   With xinxi
      .name = Text1(0).Text  '读取输入框
      .price = Text1(1).Text
      .number = Text1(2).Text
      .filename = filename
   End With
   filen = FreeFile
   recl = 100
   Open "销售.txt" For Random As #filen Len = recl  '打开文件
   recn = LOF(filen) / recl + 1
   Put #filen, recn, xinxi  '读入信息到自定义类型变量中
   For i = 0 To 2
     Text1(i) = ""          '清空输入框
   Next i
End Sub
```

(15)双击窗体“Form2”上的“指定图片”按钮,添加事件响应代码如下:

```
Private Sub Command2_Click()
   Image1.Stretch = True  '设置图片显示在图片框内
   CommonDialog1.ShowOpen  '调用通用对话框
   filename = CommonDialog1.filename
   If (Len(filename) > 0) Then
      Image1.Picture = LoadPicture(filename)  '载入图片
   End If
End Sub
```

(16)在窗体“Form2”代码区添加窗体“Form2”卸载事件“Unload”代码如下:

```
Private Sub Form_Unload(Cancel As Integer)
   Close #filen
End Sub
```

(17)在工程存储目录下建立“销售.txt”文本文档。

(18)编译调试程序。